MANUEL PRATIQUE

DES

PLANTATIONS.

IMPRIMERIE DE L.-É. HERHAN,
rue du Colombier, n° 21.

MANUEL PRATIQUE

DES

PLANTATIONS,

Rédigé d'après les principes les plus clairs sur la nature des terreins, le choix des arbres, la manière de les déplanter, de les transplanter et de les entretenir; avec des observations et des expériences à la portée des agriculteurs et des habitans de la campagne :

IMPRIMÉ d'après l'invitation, et sous les auspices du Ministre de l'Intérieur :

AVEC FIGURES;

Par ÉTIENNE CALVEL,

ci-devant membre de plusieurs académies et sociétés littéraires et d'agriculture.

NOUVELLE ÉDITION,

REVUE ET CORRIGÉE AVEC SOIN.

Prix : 1 fr. 80 c. et 2 fr 30 c. par la poste.

PARIS,

GERMAIN MATHIOT, LIBRAIRE,

RUE DE L'HIBONDELLE, N° 22,

près la place St-André-des-Arts.

1825.

Fig. 3.

Fig. 2.

Fig. 4.

Fig. 1.

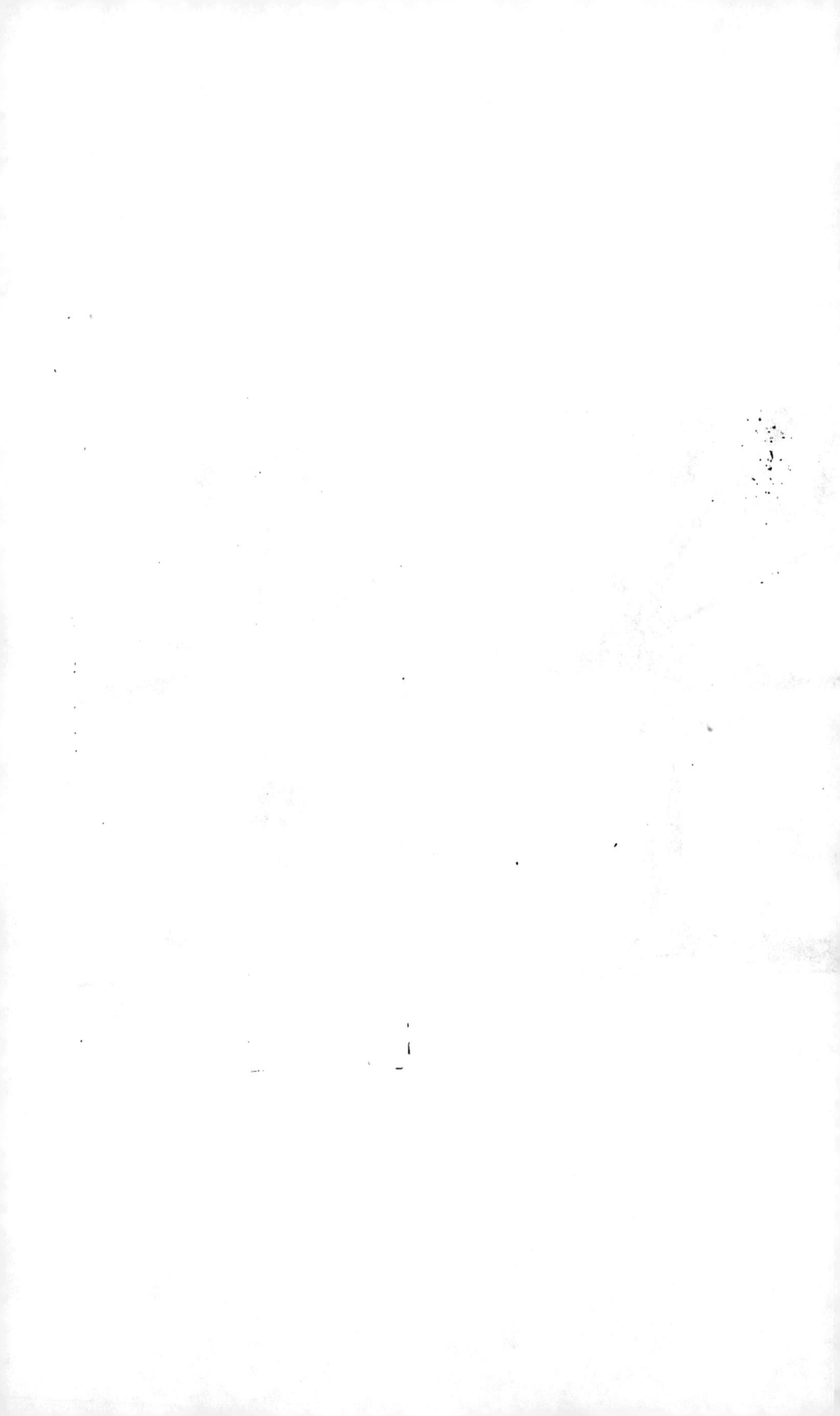

AVERTISSEMENT.

On n'a peut-être jamais fait en France autant de plantations qu'en 1801 et 1802, et jamais elles n'ont eu aussi peu de succès.

On l'attribue à la sécheresse excessive et soutenue que nous avons éprouvée. Sans doute elle y a beaucoup contribué; mais elle n'est que la cause secondaire de la perte immense de tant d'arbres qu'il faut remplacer à nouveaux frais.

Je crois qu'une partie d'entre eux aurait réussi s'ils avaient été secondés par cette alternative de pluies, d'orages et de chaleurs, qui facilitent si puissamment la végétation. Mais comme tout propriétaire ne plante que dans l'espérance si naturelle de voir prospérer la totalité de ses arbres, il n'y a pas lieu de douter que, même cette année, ses vues n'eussent été remplies, s'il eût planté des arbres bien choisis, avec l'attention et le soin qui devaient en assurer le succès.

On l'a obtenu dans quelques plantations, où il n'a pas même péri un seul arbre. Je cite de préférence celle qu'on a faite à la pépinière du Luxembourg, comme un exemple bien frappant de ce qu'on doit attendre du talent et du soin; surtout si l'on considère que les arbres fruitiers pyramidaux y ont été plantés avec la totalité de leurs branches, et que les pêchers qui sont au bas de la terrasse, exposés à l'action du soleil pendant la plus grande partie des longues journées d'été, y ont fait des pousses de plus d'un mètre et demi (4 pieds et demi) de longueur.

Le vide immense opéré dans toutes les plantations, en général, était fait pour fixer l'attention et la sollicitude d'un chef du Gouvernement, dont le moindre mérite est d'unir à de vastes connaissances agricoles une érudition et des talents littéraires dont s'honore la France.

J'eus l'honneur de lui présenter un Mémoire sur cet objet. Il voulut bien l'accueillir avec sa bonté ordinaire, le lire et le transmettre avec intérêt au Ministre de l'Intérieur, qui m'a chargé de rédiger un ouvrage d'après le plan que j'avais ébauché dans ce Mémoire.

MÉMOIRE

SUR LES PLANTATIONS.

Le Gouvernement commence à jouir, et du succès de ses efforts pour multiplier tous les genres de plantations, et de l'heureuse impulsion qu'il a donnée.

Il n'a presque plus rien à faire pour s'assurer d'une immense multiplication d'arbres de toute espèce. Ils existent dans ses semis, et dans ses pépinières du Roule, de Trianon, du Luxembourg, etc.

Dans ce dernier endroit, seize mois ont suffi aux talens héréditaires d'un habile artiste, pour créer plus de cinq cents beaux pêchers, bons à transplanter, et dont les sujets étaient encore dans les amandes au mois de mars 1801. Encore quelque temps, et il offrira peut-être un million d'arbres fruitiers de toutes les espèces.

Ses succès, d'autant plus étonnans qu'ils ont

été moins secondés par les saisons, feront de la pépinière du Luxembourg un objet utile de comparaison avec d'autres établissemens particuliers, un motif puissant d'émulation, une école d'arbres fruitiers pour l'Europe entière.

Mais les vues du Gouvernement seraient bien loin d'être remplies s'il se contentait de voir élever dans les dépôts publics ou particuliers des arbres robustes. Sa sollicitude doit nécessairement s'étendre sur les moyens de leur conserver, dans leur transplantation, cette vigueur originaire qui promet de les faire survivre aux siècles.

On ne saurait se dissimuler une vérité bien affligeante, et qui frappe tout le monde. A quelques exceptions près, toutes les plantations en général, ou n'ont presque aucun succès, ou n'en offrent qu'un très-éphémère.

On remplace, à la vérité, ce qui manque; mais quels frais, en pure perte, qui pourraient avoir une destination utile ? Quel retard pour la jouissance !

Le dépérissement ou la langueur des jeunes arbres qu'on met en remplacement tient nécessairement à un système vicieux, à de

grandes erreurs, ou à une négligence répré-
hensible dans la pratique.

Il est donc digne du Gouvernement, qu'a-
près avoir donné un grand exemple dans l'art
de former de bons arbres, il offre celui de
leur faire parcourir la longue et utile carrière
que la nature leur destine.

Plusieurs plantations bien faites auront, en
peu de temps, par leurs succès, averti, fixé
l'intérêt qui ne demande qu'à être éclairé.

L'homme d'état à qui la France devra cette
grande révolution, dans l'éducation des arbres, est fait pour leur survivre.

Le seul moyen pour produire cette révolution, tient aux efforts qu'on fera pour répandre l'instruction à cet égard.

Jamais époque ne fut plus favorable que
celle où les circonstances actuelles ont dirigé
les vues et les intérêts vers toutes les branches
de l'agriculture, dans un état le plus heureu-
sement placé pour être agricole.

Cet objet ne pourra être rempli qu'autant
qu'un Gouvernement paternel fera répandre
avec profusion un ouvrage élémentaire, clair,
méthodique, succinct, d'une extrême simpli-
cité, à la portée de l'habitant de campagne le

moins lettré, qui n'aura qu'à appliquer méca-
niquement et avec exactitude, des principes
pratiques fondés sur une tradition constante
d'expériences et de succès.

Convaincu de l'utilité de cette pratique, le
Gouvernement devait se faire une loi de ne
jamais procéder à une adjudication de plantations, sans exiger, par une clause indispensa-
ble, que tous les arbres fussent choisis, plantés
et entretenus, conformément aux principes
qu'il aurait adoptés dans le *Manuel des Plantations*, dont il serait remis un exemplaire
aux adjudicataires.

Ce grand exemple, ses heureux résultats,
obtiendraient bientôt l'assentiment général,
et opposeraient une pratique utile à une routine ruineuse, qui trompe tous les ans l'espoir
des propriétaires, toujours étonnés de parcourir la vie d'une succession d'arbres, qu'ils se
flattaient de léguer à des générations éloignées.

On pourrait traiter cet ouvrage élémentaire
d'après le plan suivant :

1° De la terre, de ses qualités, de sa préparation pour faire les plantations.

2° Du choix des arbres; des signes auxquels
on peut reconnaître leur vigueur; de la ma-

nière dont ils ont dû être conduits, formés et
arrêtés dans les pépinières.

5° Du terrein qui leur est le plus favorable, etc., etc.

4° Des saisons pour faire les plantations,
relativement aux différents climats de la
France, aux expositions particulières, à la
nature du sol, aux espèces des arbres, etc.

5° De la déplantation des arbres, des atten-
tions qu'il faut avoir, soit dans leur transport, soit pour les conserver dans toute leur
longueur, ou pour les raccourcir suivant leur
nature, leur destination, etc.

6° De leur transplantation, etc., etc., etc.

7° Des soins subséquens dans les années qui
suivront leur plantation, etc.

Je crois, avant de terminer ce Mémoire,
devoir faire remarquer un défaut de pré-
voyance auquel on doit rapporter le vice des
plantations.

On traite avec des entrepreneurs à la charge
de planter et d'*entretenir*.

Ce mot *entretenir* offre une exception arbi-
traire qu'il est essentiel de préciser.

Un entrepreneur croit avoir rempli sa tâche
lorsqu'à la fin d'une troisième année il offre

un arbre qui, à la vérité, n'est pas mort,
mais qui ne doit pas survivre long-temps à un
état de langueur, qui l'a déjà classé au rang
des arbres inutiles.

Ce ne pourrait être le but qu'on se propose
dans les plantations. On s'attend que ces arbres doivent être remarqués par une suite de
progrès annuels qui fortifient de plus en plus,
ou plutôt, qui réalisent les espérances.

Une clause de l'adjudication devrait porter,
que pendant l'intervalle fixé pour l'entretien
des arbres, ils se distingueraient par une vigueur successive et croissante, qui ne laisserait
aucune incertitude sur leur éducation et leur
succès.

Alors, l'entrepreneur se trouverait forcé de
les entretenir avec soin, d'après les principes
du *Manuel des Plantations*, pour ne pas voir
réformer des arbres languissans qu'on le for-
cerait de remplacer.

Mais, pour exercer un acte de justice aussi
rigoureux, le Gouvernement qui a, d'un côté,
un grand intérêt à n'être pas trompé, et qui,
de l'autre, doit sa protection à ceux qui s'effor-
cent de le servir avec fidélité, devrait établir
une espèce de juri chargé de veiller à la stricte

exécution des engagemens pris par les entrepreneurs, et de requérir les réformes et les
remplacemens nécessaires.

LETTRE

DU MINISTRE DE L'INTÉRIEUR.

Le Ministre de l'Intérieur au C. Calvel, à Paris.

J'ai lu, avec beaucoup d'intérêt, Citoyen,
votre Mémoire sur les plantations, que le
CONSUL LEBRUN m'a transmis, en y ajoutant
l'éloge de vos connaissances dans la culture
des arbres.

Je regarde ce Mémoire comme le prospectus
d'un ouvrage élémentaire, qui méritera de
faire suite à votre Traité complet sur les pépinières, dont je m'applaudis d'avoir accepté la
dédicace.

Je ne puis qu'exciter votre zèle, et vous in-
viter à offrir aux personnes qui s'occupent des
plantations, de nouveaux moyens de succès.

A mon égard, je me propose, aussitôt que
l'occasion s'en présentera, d'utiliser vos con-

naissances particulières, en vous mettant à même de les appliquer au bien et à la prospérité de l'agriculture.

Je vous salue.

Signé, CHAPTAL.

Paris, 4 vend. an XII.

Pour répondre à une invitation aussi flatteuse, je me suis efforcé d'écrire ce Manuel avec cette précision et cette clarté qui pouvaient le rendre utile à la classe laborieuse à qui je le destine. J'ai offert les principes les plus simples, et les ai étayés de toutes les observations et les expériences qui pouvaient éclairer et guider sûrement les personnes qui, dégagées de toutes préventions, désireront faire des plantations durables.

Afin de ne pas me répéter, j'ai fait précéder chaque article d'un chiffre entre deux (). Lorsqu'on trouvera ce signe dans le corps de l'ouvrage, il indiquera que le principe que je ne fais qu'énoncer, se trouve développé à l'article indiqué par ce numéro.

MANUEL PRATIQUE

DES

PLANTATIONS.

CHAPITRE PREMIER.

De la terre et de ses différentes qualités.

(1) L<small>A</small> terre est en général l'élément dans lequel les végétaux germent, naissent, croissent, s'élèvent et prospèrent. Elle entre très-peu dans leur composition, comme on en peut juger par le résidu de plusieurs stères de bois qu'on a brûlés, et dont il faudrait décomposer les cendres, pour en extraire ce qui n'est que terre. On peut, sous quelques rapports, la comparer à ces éponges mouillées, sur lesquelles on fait germer des graines.

(2) La terre n'est donc presque pas fertile par elle-même. Elle ne l'est que par les sels et autres principes de fécondité qu'elle renferme dans son sein par la décomposition des végétaux, par ceux qu'elle reçoit de l'air et de l'at-

1

mosphère, ou par les engrais que lui fournit l'industrie.

(3) Sa fertilité est d'autant plus sensible, qu'elle contient en plus grande partie (mais sans excès) ces principes végétaux. Tout ce qui peut donc contribuer à les produire, à les augmenter, ne peut qu'ajouter au succès de la végétation. Ce résultat ne peut avoir lieu, qu'autant que la terre ne laisse pas dissiper en pure perte les sucs végétaux qu'elle contient, et qu'elle offre aux racines qui la labourent, la facilité de se laisser pénétrer, pour transmettre à la tige et aux branches la sève qui doit les nourrir. Ces principes me portent à donner quelques aperçus sur les différentes espèces de terre.

CHAPITRE II.

Des différentes espèces de terre.

(4) Les agriculteurs distinguent communément quatre qualités dans la terre; savoir : le sable ou *silice*, l'argile ou *alumine*, la terre calcaire, et le terreau ou *humus*.

(5) Le sable est une terre composée de corps extrêmement durs, raboteux, anguleux, à formes inégales, qui font que ces corps ne peuvent se toucher que par un petit nombre de points, et se désunissent facilement.

Il résulte de cette définition, qu'une terre purement sablonneuse n'est qu'une espèce de crible, par lequel s'infiltre l'eau, avec la plus grande partie des principes de végétation qu'elle tient en dissolution. Par cette infiltration, l'eau descend dans la terre tant qu'elle ne trouve pas d'obstacle à son passage, ou bien elle s'évapore dans l'air, parce que cette terre est trop poreuse. Cette évaporation est d'autant plus grande, que, par leur dureté, ces petits corps sablonneux reçoivent et conservent, plus longtemps que les autres terres, une plus grande masse de chaleur, qui rarifie davantage et plus longtemps le liquide qu'ils contiennent.

(6) Donc, cette terre seule, qui peut, lorsqu'elle est humide, favoriser la germination des plantes, ne peut seconder leur végétation, à moins qu'elle ne soit constamment arrosée. C'est la raison pour laquelle, dans les terrains trop sablonneux, les récoltes qui s'annoncent

jusques au printemps par de belles apparences,
cessent de flatter l'espoir du cultivateur, lorsque les chaleurs sont accompagnées de sécheresse.

(7) L'argile, au contraire, est composée de
parties extrêmement déliées, lisses, capables
de s'unir par un grand nombre de points, et
adhérentes entre elles. L'eau y trouve, par
conséquent, moins de pores par lesquels elle
puisse s'infiltrer ou s'évaporer. Elle s'y trouve
réunie comme dans une espèce de bassin, s'y
croupit, pourrit les racines, qui d'ailleurs ne
peuvent percer une terre aussi compacte, et
s'y développer. Il ne faut donc attendre de
l'argile pure aucun résultat favorable à la végétation.

(8) Mais la combinaison de ces deux espèces
de terre, dans une proportion convenable,
peut seconder la végétation, en ce que le sable
peut désunir les parties trop adhérentes de
l'argile, et établir des pores dans la terre, et
que d'un autre côté, l'argile peut diminuer la
trop grande quantité des intervalles que les
molécules de sable laissent entre elles.

(9) J'ai vu un champ extrêmement sablonneux et presque infertile, qui a constamment

donné de bonnes récoltes, lorsqu'on a ramené,
en le défonçant, la glaise qui était à environ
27 centimètres (11 pouces) de profondeur.

Des pommiers, dans un côté d'allée ou l'argile dominait, étaient dans un état de langueur
qui annonçait qu'il fallait les classer au rang
des arbres inutiles. Plusieurs labours au pied,
et un mélange de sable pur avec du fumier
consommé, leur rendit leur première vigueur.

(10) Lorsque l'argile est dans une proportion à-peu-près égale avec le sable, et qu'elle
renferme de l'*humus* dans une certaine quantité, on considère cette terre comme du sable
gras.

(11) La terre calcaire, dont se forment les
marnes, les crayons, et de laquelle on retire
par la calcination les plâtres et la chaux, n'est,
suivant l'opinion commune, qu'un composé de
débris de coquillages et des animaux qu'ils
renfermoient. Dans son état de pureté, elle
est plus infertile que le sable et l'argile, quoiqu'elle renferme plus qu'eux, des principes
de fécondité que développe sa combinaison
avec les autres terres, dont elle répare l'épuisement.

Lorsque dans son mélange la terre calcaire

domine sur les autres terres, elle forme ce qu'on appelle marne, qui est, en général, plus fertile, lorsqu'elle est combinée avec l'argile, qu'avec le gravier et le sable. On peut juger de la bonté des terres calcaires et des marnes, par le dégré de fermentation qu'elles occasionent dans le vinaigre, ou dans toute autre liqueur acide.

(12) Le terreau ou *humus* n'est que le résultat de la putréfaction des végétaux qui ont été décomposés par la fermentation. Il contient en très-grande quantité les principes de fécondité; mais leur excès ne saurait être favorable à la végétation des arbres.

Ils n'éprouvent ces heureux résultats, que lorsqu'il existe un mélange de ces différentes terres dans une proportion convenable; soit qu'on la doive à la nature, ou qu'elle soit un effet de l'art.

(13) Ce mélange varie à l'infini, suivant la nature des terreins, suivant la profondeur de la terre végétale ou terre franche qu'ils contiennent, suivant les différentes veines de terre.

(14) La fertilité de la terre, son produit, sont sans contredit les moyens les plus propres pour juger de la valeur d'un terrein. Il est ce-

pendant des procédés par lesquels on peut s'assurer jusqu'à un certain point du mélange des différentes parties qu'elle renferme. Des chimistes, d'autres savans ont enseigné les moyens de l'analyser ou de la décomposer. En voici un que Duhamel employait souvent. Prenez une certaine quantité de terre ; deux livres, par exemple; délayez-la avec soin dans beaucoup d'eau ordinaire, plutôt plus que moins : lorsque la terre est bien divisée, agitez l'eau fortement et longtemps avec un bâton : peu de temps après que vous aurez cessé de l'agiter, le sable, plus lourd que les autres terres, se précipitera au fond du vase, dans le temps que l'eau tiendra encore en dissolution les autres terres.

Versez alors l'eau par inclinaison, dans un autre vase ; ce qui restera au fond de celui que vous aurez décanté, vous offrira, à très-peu de chose près, du pur sable.

Laissez l'eau se reposer dans l'autre vase ; l'argile et la terre calcaire se déposeront au fond, et la terre végétale, plus légère que l'eau, s'élèvera. Décantez de nouveau, et l'eau sera chargée de tout l'*humus*.

Ajoutez de l'eau nouvelle en médiocre quan-

tité; agitez et versez dessus du fort vinaigre
(l'acide marin ou muriatique qui a plus d'é-
nergie est préférable) : cet acide s'unira à la
terre calcaire, et la tiendra en dissolution dans
l'eau que vous décanterez : ce qui restera sera
l'argile. En laissant évaporer séparément toutes
ces eaux, soit au soleil, soit dans un four, etc.
vous aurez, par une approximation assez juste,
les différentes espèces de terre, que vous pe-
serez pour fixer leur combinaison entre elles.

(15) Puisque la terre devient végétale par
l'addition des sels et autres principes de fertilité que l'air et l'atmosphère y déposent (2),
il est évident qu'elle est plus végétale à sa surface qu'à une certaine profondeur, par la difficulté que l'air et les principes végétaux ont
d'y pénétrer, et qu'elle cesse de l'être, lorsque
ces principes ne peuvent s'y disposer. On en
a la preuve lorsque dans le défoncement des
terres, on ramène à la surface, des terres qui
n'avaient pas été exposées à l'influence du soleil,
de l'air, des pluies, des neiges et des autres
différents météores de l'atmosphère. J'ai vu un
champ frappé d'une stérilité momentanée, parce qu'on avait enfoncé la charrue trop avant.
Mais ces terres, les tufs mêmes, exposés pen-

dant un temps plus ou moins considérable sur la surface de la terre, deviennent propres à seconder la végétation, lorsqu'ils ont reçu les influences de l'atmosphère.

(16) L'avantage des labours fréquents, est de ramener à la surface, la terre qui est au-dessous, d'y renfermer les principes végétaux, de mettre la terre qui est à la surface à portée d'en recevoir d'autres, d'ameublir la terre de manière que l'air puisse y circuler plus librement, ou avec moins de difficulté, pour y déposer les sels et les vapeurs qu'il entraîne dans son passage.

(17) Pour rendre cette vérité sensible, je vais offrir un exemple à la portée de tout le monde. On sait que les cendres de bois neuf contiennent une grande quantité de sels. Détrempez-les à plusieurs reprises avec de l'eau, jusqu'à ce que vous soyez sûr qu'elle tient en dissolution tous les sels qui étaient dans ces cendres; exposez-les à un air libre; remuez-les de temps en temps : si vous les lessivez de nouveau, vous en extrairez de nouveaux sels. Vous obtiendrez le même résultat, toutes les fois que vous les soumettrez à la même épreuve,

si l'influence du soleil et de l'atmosphère est
la même.

(18) Concluons de là que pour faire une
bonne plantation, il y a un très grand avantage
de préparer longtemps d'avance les trous où
l'on doit planter des arbres . puisqu'il est démontré (16) qu'il se déposera par la porosité
du terrein, une plus grande quantité de principes végétaux, et qu'une terre qui était à une
trop grande profondeur participera aux influences de l'atmosphère (15).

CHAPITRE III.

Du défonçage du terrein, ou des trous pour planter des arbres.

(19) S'il est question de planter une allée ,
un quinconce, des espaliers ou de contre-espa-
liers, un bosquet, ou de faire une plantation
quelconque, dans laquelle les arbres doivent
être rapprochés, par exemple, à une distance
d'environ 3 à 4 mètres (9 ou 12 pieds), il est
aussi peu dispendieux, et il y a bien plus d'a-
vantage de défoncer le terrein dans toute sa

longueur, à la largeur d'environ un mètre et
demi (4 à 5 pieds), plus ou moins. On a par-
là l'avantage de mettre dans le fossé, à égale
distance des deux arbres, la terre la moins
végétale, et de réserver l'autre, c'est-à-dire,
celle de la surface; pour la mettre au pied
des arbres.

(20) Si c'est un verger ou un bosquet qu'on
se propose de planter, on s'assure d'un plus
grand succès en défonçant le terrein.

Au reste, en parlant d'une distance de 3 à
4 mètres (9 ou 12 pieds), je n'ai eu en vue
que des arbres d'alignement à qui une pareille
proximité ne peut guère préjudicier, tels que
les peupliers, les charmes et autres arbres
qu'on destine à s'élever, au nombre desquels
on peut compter les arbres fruitiers pyramidaux.

(21) Cette distance serait très-insuffisante
pour des arbres qui sont faits pour s'étendre
latéralement, tels que ceux qu'on destine à
produire des fruits. Je suis tous les jours témoin du regret de beaucoup de propriétaires,
qui se trouveraient bien plus avancés, s'ils
avaient espacé leurs arbres de manière à ne
faire que le tiers ou la moitié de leurs planta-

tions. Ils ne voyaient l'arbre que dans son enfance, sans jamais songer à l'étendue qu'il
exigera lorsqu'il aura pris son accroissement.
Si on leur eut proposé d'espacer leurs pêchers,
leurs poiriers, à 8 mètres (24 pieds), ils eussent
répondu qu'ils pourrait en tenir quatre, au
moins, trois dans cette distance. Qu'est-il arri-
vé? Les branches se sont bien croisées; il a
fallu les arrêter, taillier court, et, par une
suite nécessaire, épuiser l'arbre sans lui faire
rapporter des fruits. On était assez dans l'usage,
dans la ci-devant Normandie, de planter dans
les champs, des vergers à cidre, et de mettre
les arbres à 8 mètres (4 toises). J'ai vu trois
ou quatre propriétés où ils étaient à 24 mètres
(72 pieds), et dans un égale espace de terrein :
on y faisait autant de boisson, que dans ceux
qui étaient à quatre toises; les arbres ne s'y
disputaient pas les bienfaits de l'air et de l'atmosphère, et ne nuisaient pas par leur om-
brage à la récolte qu'on faisait dans ce même
terrein.

(22) Annoncer que les racines ne pénètrent
que très difficilement à travers une terre trop
compacte, c'est faire sentir la nécessité du défoncement. Mais à quelle largeur, à quelle

profondeur doit il avoir lieu? On varie assez
dans la pratique à cet égard. Quelques personnes se contentent de faire un trou suffisant
pour contenir les racines à une profondeur
d'environ 48 centimètres (18 pouces); d'autres
font des quarré de 4 pieds sur chaque côté,
auxquels ils donnent autant de profondeur.
J'ai vu une fois exagérer les précautions au
point de donner aux trous une profondeur de
près de 5 mètres (9 pieds), et on se doute bien
que la plantation réussit d'autant moins, que
la terre qu'on avait mêlée était moins végétale.

(23) La largeur de quatre à cinq pieds est la
plus convenable pour donner aux racines l'ex-
tention nécessaire. Une pareille profondeur
n'a paru toujours exagérée et inutile dans ses
résultats, à moins de circonstances impérieuses qui l'exigent, et dont je parlerai plus bas.

Je me suis mieux trouvé de défoncer d'a-
vantage en surface, et moins en profondeur.
Par exemple, je crois qu'il est bien plus avantageux de faire le carré de 16 décimètres (5
pieds) de côté sur 1 mètre (3 pieds) de profondeur, ce qui n'a jamais fait une augmenta-
tion considérable dans le prix; car quoiqu'il y
ait 35 déc. lit. (11 pieds cubes) de plus dans

cette manière de défoncer, que dans un cube de 8 décimètres (4 pieds), la difficulté qu'éprouve l'ouvrier pour défoncer 34 lit. (le quatrième pied), est plus considérable, que d'ôter d'un trou où il peut travailler à son aise 248 déc. lit. (75 pieds cubes), au lieu de 225 déc. lit. (64 pieds cubes).

(24) Dans l'arrachage des plus gros arbres, j'ai vu rarement que le pivot s'étendît à plus de trois pieds. Je sais que dans un terrein défoncé, il s'étendrait à une plus grande profondeur; mais ce serait presque en pure perte, parce que quand bien même la terre serait végétale à cette profondeur, elle cesserait bientôt de le devenir, par le défaut de pénétration de l'air et des principes végétaux.

(25) Il est des terreins qui ont beaucoup de fond, c'est-à-dire, qui ont une terre végétale jusques à une grande profondeur. Heureux le propriétaire qui peut planter dans un tel terrein !

(26) Il en est d'autres qui n'ont que 32, 38, 52 centimètres (12, 15, 20 pouces) de terre végétale : le reste ne peut devenir fertile qu'à la longue. Dans le fond, c'est ou le sable, ou la craie, ou l'argile et la glaise, ou le tuf qui

dominent. Ces deux derniers fonds sont ceux
qui sont les plus mauvais pour les arbres, parce
qu'ils retiennent (7) l'eau qui s'infiltre facilement dans le sable et la craie. Il faut donc,
dans les terreins où l'on trouve le tuf et la
glaise, faire des trous plus profonds, pour
préparer le terrein, ainsi que je l'indiquerai
plus bas.

(27) En ouvrant le trou, il faut avoir l'attention de mettre sur un des côtés de la terre
qu'on ôte de la surface; elle sera très-utile à
l'époque des plantations, pour la répandre autour des racines de l'arbre. S'il y a des gazons,
on les mettra en tas, pour les employer
ainsi que je l'indiquerai à l'article des *plantations.*

(28) A proportion qu'on creusera le trou,
on mettra sur le second côté, la terre qu'on
tirera; ainsi successivement, de manière que
la terre du fond soit sur le quatrième côté.

(29) Si les trous sont ouverts d'avance il sera
très-avantageux de faire travailler ces terres,
lorsqu'elles auront été mûries par le soleil.
Deux et même trois labours ne peuvent qu'a-
jouter à la fertilité des unes, et disposer les
autres utilement (18).

CHAPITRE IV.

Du choix des Arbres.

(3o) La qualité de la terre, sa préparation,
ne peuvent que fortifier l'espoir qu'on a de
faire une bonne plantation; mais elle ne peut
avoir lieu, qu'autant que des arbres saints et
vigoureux s'annonceront pour justifier des
soins si souvent infructueux pour tant d'autres. Il est donc très-important de faire un
bon choix.

(31) Je ne cesserai de conseiller aux propriétaires de faire ce choix par eux-mêmes, et
de marquer les arbres. Un jardinier ou un
homme chargé de cette commission, n'en a
guère le temps, surtout si la plantation est
considérable. Il faut qu'il se repose et se rafraî-
chisse; on le promène quelque temps; il finit
très-souvent par s'en rapporter au marchand,
qui est lui-même trop occupé pour aller faire
le choix. Il est obligé à son tour de s'en rapporter aux ouvriers, auxquels il remet le mémoire pour le remplir.

Je ne prétends désigner personne; je me fais

même un devoir de déclarer qu'il est des pépiniéristes qui n'ont rien tant à cœur que de
contenter leurs pratiques, selon leurs desirs.
Il n'en est pas moins vrai que dans la plupart
des fournitures il y a des mélanges, et qu'un
très-grand nombre de plantations réussissent
si mal, qu'il faut souvent recommencer.

Mais, disent beaucoup de propriétaires, je
n'ai pas le temps de faire ce choix, et puis, je
n'ai pas assez de connaissances pour le faire
de manière à ne pas me tromper. On peut répondre : assurément vous donnez bien plus de
temps à d'autres objets bien moins importans
que celui d'une plantation qui peut vous assurer un revenu ou un capital qui augmente
progressivement, et que vous pouvez transmettre après des siècles à de nombreuses générations.

Vous ne vous y connaissez pas! Cela peut
être, lorsqu'il est question de distinguer les
espèces ou les variétés; mais il s'agit de faire
la différence d'un bon et d'un mauvais arbre,
cette connaissance est à la portée de tout le
monde.

(32) Il faut, pour faire un bon choix, se
transporter dans la pépinière vers le commen-

1.

cement de l'automne, voir quel est l'état de
végétation des arbres dont on veut se pourvoir.

Un des grands inconvéniens de beaucoup
de pépinières est que le terrein est très-fertile,
parce qu'il est fortement fumé. Les arbres y
sont assez généralement plutôt forcés par l'art
qu'élevés par la nature. Il est donc important
de connaître le sol d'où on les tire.

(33) A très-peu d'exceptions près, tous les
arbres qu'on tire d'un sol où surabondent les
engrais, et qui doivent être transplantés dans
un terrein ordinaire, végètent, au moins dans
le début, et souvent pour toujours. Il n'est
donc guères probable qu'il résulte de leur
emploi de bonnes plantations. Il y a par conséquent plus de probabilité, pour le succés, de
tirer les arbres d'un sol ordinaire où ils aient
pu s'élever sans languir. On sent qu'ils n'ont
rien à perdre à la transplantation, et qu'ils
ne peuvent que gagner.

Lorsqu'une partie de pépinière est presque
dégarnie, et qu'il ne reste que quelques arbres
dont la plus grande partie est de rebut, le pépiniériste, qui veut mettre son terrein à profit, vend ses arbres en gros à des marchands
qui les transplantent dans des terreins bien

fumés, qu'on appelle *batardières*. Ces arbres
réparés dans une terre qui n'est presque que de
l'humus ou terreau, et bien arrosée, prennent
de la vigueur, une écorce lisse, font des pousses
considérables, et se remettent d'une manière
étonnante. On les dirige avec attention; on
les taille en espalier, et on les vend tout formés, avec même des boutons à fruit : j'en ai
vu souvent qu'on vendait jusqu'à une pistole.

Assurément ces arbres sont faits pour sé-
duire l'espoir; mais que résulte-t-il de leur
emploi? C'est qu'on ne tarde pas à éprouver
qu'ils ne valaient pas même les frais de plantation. On voit au moins quelquefois réussir
des arbres en pyramide tout formés; mais je
suis encore à voir un arbre en espalier, régu-
lièrement conduit pendant quatre ans dans les
batardières, avoir survécu deux ans à leur
transplantation. Je connais cependant bien
des propriétaires qui ont été pris à ce piège
par des marchands d'arbres, ou des grainiers
qui font la commission.

(34) Un pépiniériste qui compte sur un terrein fertile, couvert de fumier, de boues et
d'autres engrais, ne balance pas à mettre son
plant très-près. J'en ai vu mettre plus de vingt

mille par arpent. Du côté d'Alençon, de l'Aigle, etc., on en met de vingt-cinq à vingt-huit
mille. Il est vrai qu'il est assez reçu dans ce
pays de ne compter qu'environ sur la moitié
des arbres qui y viennent. Qu'arrive-t-il de-là?
C'est que ces arbres privés latéralement d'une
circulation d'air proportionnelle à leur besoin,
rivalisent entre eux pour l'aller chercher,
s'allongent et croissent en longueur, sans
croître dans la même proportion en diamètre.

(35) Ce juste rapport de la croissance en
étendue et en grosseur est aussi nécessaire
dans les végétaux que dans les animaux,
comme on peut en juger par les arbres qui
s'élèvent à l'ombre.

(36) Un propriétaire de mes amis avait fait
une plantation assez considérable en pommiers, qui avaient environ 8 pieds de haut, sur
à-peu-près un pouce de diamètre. Quoiqu'ils
fussent soutenus par des tuteurs, leur tête,
qui s'était bien formée, après deux ans de
plantation, était agitée par les vents. Voyant
que ces arbres ne grossissaient pas, et que
toute la sève se portait vers le haut, il a pris le
parti de les étêter tous, et de leur faire quelques incisions longitudinales qui, je n'en

doute pas, arrêtant une partie de la sève, fortifieront la tige conformément à ses vues.

(37) On ne peut guère se méprendre sur la
bonté d'un arbre et sur sa vigueur, en considérant son écorce : elle doit être claire, lui-
sante comme si on y avait passé du vernis. Ceux
qui ont l'écorce rude, écaillée, mousseuse,
gercée sont toujours à rebuter.

(38) Ceux qu'on destine à être plantés pour
former de hautes tiges, et plus particulièrement ceux qui doivent être plantés dans toute
leur longueur, doivent être droits, bien filés.
La sève y monte sans éprouver les obstacles
qui l'arrêtent dans ceux qui sont courbés.

(39) Si on veut des arbres pyramidaux, qu'on
appelle vulgairement *quenouilles*, il faut les
prendre jeunes, bien garnis de branches dans
toute leur longueur, surtout dans le bas; ce
qui est très-rare, vu la manière dont ces arbres
ont été élevés dans les pépinières. Il n'y a
pas long-temps que j'en ai vu cinq cents qu'on
a plantés chez un propriétaire, je doute qu'on
en puisse diriger douze dans cette forme.

(40) Les pêchers, et en général tous les autres
arbres qu'on a greffés sur amandiers, doivent
être transplantés à un an de greffe. La raison

en est que les amandiers ont des racines pivotantes qui plongent dans la terre et y grossis-
sent. Plus ils y restent, plus on a de difficulté
à les arracher, et par-là ils deviennent d'une
difficile reprise. Souvent des marchands qui
n'ont pu vendre la totalité de ceux qu'ils
avaient dans leur pépinière, les coupent à
deux yeux au-dessus de la greffe; ce qu'on
appelle *rebotter.* Ces arbres poussent du nouveau bois, et paraissent de l'année pour ceux
qui ne font pas attention au *nodus* qui est au-
dessus de la greffe. On doit les rebuter.

(41) Il est démontré par l'expérience que
lorsqu'on s'empresse de couper trop tôt les
branches latérales d'un jeune arbre avant qu'il
ait acquis une grosseur convenable, l'arbre
s'étiole et cesse de prospérer; son écorce se
durcit; il diminue même souvent de diamètre,
s'épuise en longueur, et se courbe par l'excès
et le poids de la sève qui se porte avec trop
d'abondance à son sommet. Le cultivateur,
pour former une haute tige, doit donc ne
supprimer ces branches que peu-à-peu, et à
proportion qu'elles paraissent indiquer par
leur faiblesse qu'elles deviennent inutiles.

(42) L'époque de cette suppression, la ma-

nière de la faire, ne sont pas, à beaucoup
près, indifférentes. Cette suppression est une
plaie momentanée qu'on fait à l'arbre. Il est
très-intéressant qu'elle se cicatrise promptement, et qu'elle soit recouverte d'écorce.
L'expérience nous apprend que l'époque à laquelle on obtient plus facilement ce succès,
est lorsque cette suppression se fait au moment
qui précède immédiatement le retour de la
sève. Elle se porte alors en abondance dans
toutes les parties de l'écorce, forme un bourrelet qui se rejoint dans toutes les parties de
la circonférence. Si on ne fait cette suppression qu'à l'automne, ou pendant l'hiver, le
froid durcit l'écorce ; le bois, exposé à la gelée, meurt. La sève ne peut donc plus monter
directement vers tous les points où a été
fait ce retranchement; elle est obligée de se
dériver de côté, et, comme l'arbre a beaucoup
de plaies, les obstacles pour l'ascension directe
de la sève se multiplient dans la même proportion. On doit donc rebuter des arbres qui
ont été dirigés ainsi. Mais, dira-t-on, ces
plaies se recouvrent d'écorce à la longue. On
répond que, jusqu'à ce recouvrement, qui est
quelquefois plusieurs années à se faire, la sève

n'a pas cette entière liberté de circulation qui
est favorable à l'arbre; que d'ailleurs l'écorcé
recouvre à la longue du bois mort.

(43) La manière avec laquelle bien des ouvriers suppriment ces branches, est très-vicieuse; au lieu de les couper avec des instrumens bien tranchans, et aussi près de la tige
qu'il est possible, ils les suppriment à quelque
distance. Il résulte de-là des nodus, même
des chicots, qui se pourrissent, vicient le
corps de la tige à la longue, d'où il résulte
des chancres, ou que l'arbre. finit par être
creux, ou par avoir ce qu'on appele des *cham*
bres.

(44) Le moindre inconvénient de cette pratique vicieuse est que, ces sortes de nodus ou
bourrelets, modérant le cours de la sève, elle
s'y fixe en partie, et qu'il en sort des branches
gourmandes qu'il faut supprimer, ou qu'il se
ramasse au-dessus de ces bourrelets d'écorce,
ou dans l'intérieur du creux, des lichens et
des mousses qui absorbent les principes atmosphériques de la végétation, qui pénètrent
dans les arbres en s'implantant dans les pores
de leur écorce, absorbent une partie de leur
sève, et sont encore plus nuisibles en empê-

chant une transpiration nécessaire à ces arbres; ainsi tout arbre mousseux doit être rejeté.

(45) La grosseur, la longueur, l'âge des arbres sont des objets de considération qu'on ne doit pas négliger.

(46) L'âge se connaît, dans les jeunes arbres, par les marques que laissent sur leur tige les pousses annuelles; de même on distingue le nombre de leurs années par le nombre de cercles concentriques qu'on aperçoit, lorsqu'on les coupe transversalement.

(47) Les arbres croissent dans un même terrein, en raison de leur qualité, du plus ou moins de moyens qu'ils ont d'aspirer la sève, de plus ou moins de facilité qu'ont leurs fibres de se dilater et de s'étendre en longueur ou en diamètre. Le choix qu'on en doit faire doit être par conséquent relatif aux usages auxquels on les destine. Lorsqu'on se propose de faire des plantations pour avenues, allées, pour faire des bordures, ils doivent avoir assez de grosseur relativement à leur longueur, pour résister davantage à l'action des vents.

(48) Mais on ne doit jamais perdre de vue une considération importante; c'est que plus un arbre est jeune, plus il s'acclimate facile-

ment, et plus sa reprise est assurée. Son bois
étant plus tendre, il pousse des branches latérales plus vigoureuses et en plus grand nombre. Cette considération est bien faite pour
éclairer ceux qui, sans nécessité, recherchent
et payent plus cher des arbres parce qu'ils
sont plus vieux et plus gros.

(49) On peut comparer les différentes pério-
des de la vie des arbres avec celle de la vie des
animaux. L'enfance est celle où ils croissent,
développent et perfectionnent leurs organes.
Lorsqu'ils ont acquis un certain degré de développement, ces organes sont aptes à favoriser une sécrétion qui, accompagnant leur
croissance, annonce leur fécondité. Elle se développe à proportion que diminue cette ten-
dance à croître. Il faut donc suivre la nature.
Il y a par conséquent un vice d'organisation
dans tout arbre qui donne du fruit dès la première et seconde année. Applaudir à sa fécondité, c'est applaudir en quelque sorte à sa
vieillesse. Pourquoi exiger de son enfance ce
qui nous paraîtrait contre nature dans un ani-
mal en qui la puberté ne serait pas prononcée?
Ce préjugé est cause qu'on remplace peut
être tous les ans sur le sol de la France un

million d'arbres que le charlatanisme offre à
la séduction, parce qu'ils offrent des boutons
à fruit, ou qu'ils sont fleuris. Qu'on se transporte dans les pépinières, on verra que ce ne
sont pas les arbres vigoureux, et qui paraissent
destinés à parcourir une longue carrière, qui
sont à fruit.

(5o) On doit porter le même jugement de
tous les arbres qu'on vend tout formés, pour
faire des éventails, des espaliers, des quenouilles, etc.

(51) On peut en excepter quelques paradis
qui, dès la première ou seconde année de
greffe, sont à fruit. Ces sortes d'arbres qui
font, sous plusieurs rapports, exception à la
règle générale, ont peu de racines; elles sont
très-menues, aspirent peu de sève, qui s'éla-
bore assez pour se mettre à fruit et peu à bois.

(52) Les poiriers greffés sur le coignassier,
et encore plus sur l'aubépine, etc., forment
assez généralement un bourrelet au point de
l'insertion. C'est une des causes pour laquelle
ils se mettent plus tôt à fruit, que lorsqu'ils
sont greffés sur franc. Si le bourrelet est ex-
cessif, c'est un vice dans l'arbre. On doit également rebuter tous les arbres à haute tige,

greffés dans le haut, et dont le bourrelet est trop fort. Il en est de même de ceux dont le sauvageon a été mal coupé au point de l'insertion de la greffe, ou déborde. Dans ce dernier cas, l'écorce le couvre très-difficilement.

(53) Lorsqu'on se propose de planter des arbres à haute tige, il faut choisir ceux qui ont été greffés dans le haut. L'expérience nous apprend que les arbres greffés dans le bas ne s'élèvent pas autant, et ne sont pas aussi robustes pour former des *plein-vents*.

(54) Cette considération doit engager ceux qui veulent planter des demi-tiges à leurs espaliers, de préférer des arbres greffés au pied, parce qu'ils s'emportent moins dans le haut. Ainsi on peut faire des bonnes demi-tiges avec des arbres à basse tige, qu'on laisse monter et qu'on dirige à une hauteur convenable.

(55) Les arbres venus de drageon, de rejeton ou de marcotte, s'élèvent moins que ceux venus de graine. J'ai cultivé des ormeaux venus de cette manière, et qui n'ont jamais pu s'élever à une hauteur considérable.

CHAPITRE V.

Liste des principaux arbres qu'on est dans l'usage de planter, et du terrein qui paraît leur convenir davantage.

(56) La nature nous offre des variétés immenses dans ses productions. Chaque végétal a une manière d'exister qui lui est propre, et paraît se plaire de préférence dans tel climat, telle température, dans certaines qualités de terre, et plutôt à une exposition qu'à une autre. C'est à l'observateur à étudier ce que l'expérience lui offre de plus probable à cet égard.

(57) Cette réflexion doit s'appliquer plus particulièrement aux arbres qu'on se propose de transplanter utilement. La plus grande partie vient sans doute à toutes les expositions, et dans tous les terreins; mais ils n'y acquièrent pas également ce degré de vigueur qui est le garant de la prospérité des plantations. J'ai donc cru qu'il était nécessaire de donner une nomenclature des arbres qu'on plante le plus communément comme objet d'utilité ou d'a-

grément, et de désigner les terreins qui sont
reconnus les plus propres pour seconder la
végétation.

(58) Je désignerai sous la dénomination de
bonne terre ou *terre franche* celle où les quatre espèces de terre dont j'ai parlé au chapitre II, se trouvent à-peu-près dans une juste
proportion.

J'appellerai *terre argileuse* celle où l'argile
domine. Les *terres sablonneuses* ou *calcaires*
seront celles qui renferment dans une plus
grande proportion du sable ou de la terre
calcaire.

A

(59) ABRICOTIER, *armenica*. S'il est greffé
sur lui-même ou sur prunier, il vient mieux
dans une terre franche exposée au midi. S'il
est greffé sur amandier, il demande une terre
sablonneuse.

ACACIA, ou plutôt ROBINIER, *robinia*,
pseudo acacia. Toutes les terres et toutes les
expositions. Il drageonne moins dans les terres
franches et argileuses.

ALISIER ou ALLIER, *cratægus aria*. Tous
les terreins et expositions.

AMANDIER, *amigdala*. Terre sablonneuse, abritée du nord.

ALBERGE, *armenicâ fructu parvo*. Voyez abricotier, dont cet arbre est une variété.

ARBOUSIER, *arbutus unedo*. Terre légèrement sablonneuse. Exposition du midi.

ARBRE DE JUDÉE, *cersis siliquastrum*. Bonne terre, au levant.

ARBRE DE SAINTE-LUCIE, *mahaleb*. Tous les terreins et expositions.

AUBÉPINE, *mespilus, oxyacantha*. Tous les terreins et expositions.

AULNE ou VERGNE, *alnus*. Tous les terreins humides.

AZEROLE, *cratægus, azarolus*. Terreins sablonneux, au midi.

B

BAGUENAUDIER, *colutea arborescens*. Bonne terre : toutes les expositions.

BOULEAU, *betula*. Tous les terreins et expositions.

C

CERISIER, *cerasus*. Tous les terreins et expositions.

CHARME, *carpinus betulus*. Terre sablonneuse grasse.

CHATAIGNIER, *fagus castanea*. Tous les terreins. Il s'accommode plus du froid que d'une forte chaleur.

CHÊNE, *quercus, ilex*. Terrein sablonneux gras, et assez tout terrein : s'il est trop humide, le bois a moins de qualité et plus d'obier.

COIGNASSIER, *cydonia*. Bonne terre, légèrement humide.

CORMIER ou SORBIER, *sorbus domestica*. Terrein sablonneux. Il brave les plus grands froids.

CORNOUILLER, *cornus mas*. Tous les terreins. Il aime la chaleur.

CYPRÈS, *cupressus semper virens*. Bonne terre, un peu sablonneuse. Il ne craint pas la chaleur, et vient bien à l'ombre.

CYTISE, *cytisus supinus*. Terre sablonneuse ; au midi.

E

ERABLE, *acer pseudo platanus*. Terre légère : toutes les expositions.

F

FIGUIER, *ficus carica*. Bonne terre, bien fumée ; au midi, bien abritée.

FRÊNE, *fraxinus*. Bonne terre, humide : toutes les expositions.

H

HÊTRE, *fagus*. Terre légère, sablonneuse, caillouteuse : toutes les expositions.

HOUX, *ilex*, *aquifolium*. Bonne terre : toutes les expositions; difficile à transplanter.

L

LAURÉOLE, bois gentil, *daphne meserium*. Bonne terre, au levant.

LAURIER, *laurus nobilis*. Bonne terre : exposition du midi.

LILAS, *syringa vulgaris*. Toute terre.

M

MARONNIER, *œsculus hyppocastanum*. Terre sablonneuse grasse : toutes les expositions.

MÉLÈZE, *larix*. Il croît dans les pays où il est naturalisé, dans tous les terreins, et à toutes les expositions les plus élevées. Il veut, dans nos départemens septentrionaux, une terre légère, friable, et être abritée dans le début.

MERIZIER, *cerasus silvestris fructu nigro*. Tout terrein et toutes les expositions.

MICOCOULIER, *celtis australis*. Tout terrein, dans les départemens méridionaux.

MURIER NOIR, *morus nigra*. Une très-bonne terre, bien fumée : exposition du midi.

MURIER BLANC, *morus alba*. Toute terre,
au midi.

N

NEFFLIER, *mespilus*. Bonne terre : toute
exposition.

NOISETIER, *coryllus avelana*. Tout terrein.

NOYER, *juglans regia*. Toute terre, toute
exposition.

O

OLIVIER, *olea Europea*. Terre sablonneuse.
Il aime la chaleur.

ORME, *ulmus campestris*. Bon terrein : toute
exposition. Il drageonne davantage dans les
terreins sablonneux, si on lui coupe le pivot.

P

PAVIE, *persica fructu nucleo adherente*.
Voyez *pêcher*.

PEUPLIER, *populus*. Terreins humides et
sablonneux : toutes les expositions.

PIN, *pinus*. Voyez *mélèze*. Le pin maritime,
quoique plus naturalisé en France, paraît plus
difficile à transplanter que les autres, et exige
plus de précautions et de soins.

PÊCHER, *persica*. Voyez *abricotier*.

PLATANE, *platanus*. Bonne terre, légèrement humide.

Poirier, *pyrus.* Tout terrein qui a du fond, et toute exposition.

Pommier, *malus, pyrus malus.* Tout terrein; mais il exige moins de fond. Il réussit bien dans les terres caillouteuses, et donne une meilleure boisson.

Prunier, *prunus padus.* Bonne terre, assez humide. Il drageonne trop dans les terres sablonneuses, surtout si on a supprimé son pivot.

R

Robinier. Voyez *acacia.*

S

Sapin, *abies.* Voyez *mélèze.*

Saule, *salix.* Voyez *aulne* ou *peuplier.*

Sophora. Sable gras au midi.

Sorbier des oiseaux, *sorbus ancuparia.* Bonne terre : toute exposition.

Sycomorre, *pseudoplatanus.* Voy. *érable.*

T

Tilleul, *tilia.* Bonne terre, légèrement sablonneuse et humide.

Tremble, *populus tremula.* Voy. *bouleau.*

Tulipier, *liriodendron tulipifera.* Bonne terre, humide, et abritée du nord.

V

VERNIS DU JAPON (faux), *Aylanthus glan-
dulosa*, *Rhus succedaneum*. Bonne terre, au
midi.

CHAPITRE VI.

De la déplantation des arbres, et de leur transport.

(60) La prévoyante nature, en faisant germer
une graine quelconque, commence par pousser
au-dehors la radicule dans la terre, et abrite
dans des lobes qui s'entr'ouvrent insensiblement, la petite plante ou la *plume*, qu'elle
familiarise peu-à-peu au contact de l'air. Ces
lobes, ramollis par la fermentation, servent de
nourriture, tant à la plume, qu'à la radicule,
jusqu'à ce que cette dernière aille puiser dans
la terre les sucs qui doivent désormais pourvoir
à son existence, et à celle de la tige.

(61) Dans plusieurs végétaux, cette radicule,
lorsqu'elle n'éprouve aucun obstacle dans la
terre, s'enfonce assez verticalement : on la
nomme alors pivot. Lorsqu'elle ne peut pas
s'enfoncer librement, elle se divise en plusieurs

racines pivotantes. Je citerai pour exemple
l'amandier, etc. Dans d'autres semences, cette
radicule, à une certaine profondeur, se divise
en d'autres racines qui plongent moins dans
la terre, qu'elles ne la labourent horisontalement. Plusieurs même ont des racines presque
à la surface de la terre, qu'on appelle racines
nageantes.

(62) Le pivot ne s'arrête à une certaine profondeur que lorsqu'il ne peut plus percer une
terre trop dure ou infertile. L'arbre alors pousse
de ce pivot et de son tronc des racines latérales,
indispensables pour sa nourriture.

(63) Distinguons dans un arbre le tronc qui
est le point d'où partent les racines, pour s'enfoncer dans la terre, et la tige, pour s'élever
dans l'air. Ce tronc est une espèce de filtre,
par lequel commence à s'épurer la sève que la
radicule transmet à la tige. On ne peut donc
douter que la radicule et la tige n'aient entre
elles une correspondance intime par l'inter-
médiaire du tronc.

(64) Comme la radicule a précédé le prolongement de la tige, de même les racines latérales que produit cette radicule précédent la formation et le développement des boutons qui

naissent successivement sur les côtés de la tige,
à proportion qu'elle s'étend. Il est prouvé que
ces racines latérales ont une correspondance
avec les boutons qui se sont formés, et les rameaux qui se développent. J'ai éprouvé souvent, qu'en coupant à de jeunes arbres les
racines latérales, ces boutons avortaient, ou
que leurs rameaux périssaient en peu de temps.
J'ai vu aussi très-souvent (mais pas toujours)
des racines latérales se dessécher, lorsqu'avec
la serpette j'avais coupé les boutons et les rameaux à l'époque où la sève était en mouvement.

(65) Il est démontré que la sève a deux
mouvemens dans les arbres : l'un d'ascension,
qui s'élève dans la tige et dans les branches;
l'autre mouvement de la sève est celui par lequel elle descend des branches dans la tige,
et de-là dans les racines. Il est facile de se convaincre de cette vérité en faisant une entaille
de 2 ou 4 millimètres (1 ou 2 pouces) de hauteur à un arbre qui est en sève. Les bords de
l'entaille, supérieurs et inférieurs, se couvri-
ront à l'instant de sève, et elle sera plus abondante dans la partie supérieure que dans la
partie inférieure.

(66) Mais d'où vient cette sève descendante? des vapeurs que les feuilles, qu'on doit sous quelques rapports regarder comme les poumons des arbres, aspirent dans l'air. Veut-on se convaincre de cette vérité, d'où on peut tirer des conséquences très-utiles dans la pratique? qu'on considère ce qui s'est passé en l'an X et l'an XI, ou la sécheresse, dont nous éprouvons encore en ce moment les plus fâcheux résultats, a été si extrême. Comment les arbres ont-ils pourvu à leur entretien, à leur végétation; surtout sur les routes et dans les forêts? Assurément dans celle de Compiègne, de Fontainebleau, de Sénard, dans le bois de Boulogne, etc., il y a tel et tel arbre à qui il a fallu, pendant l'été et l'automne derniers, cent fois plus d'humidité, qu'on en aurait tiré dans un alembic, de la terre qui entourait leurs racines.

Concluons donc 1° que les branches, et les feuilles surtout, pourvoient, comme les racines, à la nourriture de l'arbre; 2° que les racines sont les premières qui pourvoient à la nourriture de la tige, des branches, et provoquent leur développement.

(67) Puisque l'air, et les principes de végé-

tation dont il est chargé, sont nécessaires à la
prospérité des arbres, concluons que moins un
arbre participera aux bienfaits de l'atmosphère,
moins on doit s'attendre à le voir prospérer.
C'est ce qui arrive assez souvent dans les pépinières où les arbres sont trop près. Lorsque,
la seconde ou la troisième année, l'air n'a plus
la liberté de circuler, les branches latérales
s'étiolent, languissent, les arbres s'élancent
dans l'air pour y aspirer leur nourriturée, et
acquièrent une élévation disproportionné à
leur grosseur. On croit la leur faire acquérir,
en les arrêtant à une certaine hauteur; faible
palliatif. La sève, par sa nature, suit la direction verticale, se porte à l'extrémité, se distri-
bue en plusieurs branches qui affament la tige :
elle ne peut pas prendre assez de diamètre.

(68) C'est une grande erreur de pratique,
que de mettre trop près les arbres dans les
pépinières, surtout ceux qu'on se propose d'y
laisser six, sept et huit ans; tels que les ormeaux, les chênes, les hêtres, les charmes,
etc. On sent que ces arbres ne peuvent que
se nuire, et se ravir mutuellement une partie
de leur nourriture.

(69) Je n'avais fait qu'indiquer ces vérités

dans mon Traité sur les pépinières; et des propriétaires, persuadés de la vérité de ces principes, m'ont fait l'honneur de m'écrire des environs de l'Aigle, d'Alençon, de Lisieux, de Compiègne, etc. qu'ils avaient dédoublé leurs pépinières et transporté les plants ailleurs.

(70) A l'inconvénient qu'éprouvent les arbres par la privation de la quantité de sucs végétaux qu'ils sont forcés de partager dans la terre avec leurs voisins, se joint celui de ne pas jouir librement des bienfaits de l'air atmosphérique qu'ils se disputent mutuellement entre eux.

(71) On éprouve un plus grand inconvénient encore, par la difficulté de les ôter de terre. Que fait on alors? on les arrache; c'est-à-dire, on se contente d'ôter un peu de terre, sans éventer les racines de l'arbre voisin; et sans aucun ménagement, avec un instrument tranchant, on mutile, on casse ou on éclate les racines qui sont trop longues, ou qui opposent quelque résistance, ainsi que le pivot, ce précieux prolongement de la tige (61).

(72) Cette suppression du pivot est un des préjugés le plus funeste aux arbres, et malheureusement le plus enraciné parmi quelques

2.

manouvriers, qui n'ont pas pu secouer encore
le joug de la routine et de l'ignorance. Il met
fort à leur aise beaucoup de marchands d'arbres,
qui comptent sur le revenu de ceux qui sont à
remplacer. On se sert même, avec quelque
apparence de raison, du nom de notre illustre
Duhamel, pour perpétuer et autoriser cette
erreur ; et un marchand d'arbres n'a pas man-
qué de me l'opposer, dans une satire pleine
d'ignorance et de mauvaise foi, qu'il a dirigée
contre mon ouvrage sur les arbres fruitiers
pyramidaux. Je répondrai à cette objection,
et à toutes celles qu'on m'a faites, dans un sup-
plément à cet ouvrage, qui paraîtra incessam-
ment. Je ne puis en ce moment, dans un
Manuel purement pratique, qu'établir pour
principe la nécessité de la conservation des
racines et du pivot, pour la plus grande prospérité des arbres.

(73) Je me contente d'observer ici qu'il est
des arbres qu'on ne saurait faire réussir ; lorsque les racines et leur pivot sont offensés ; tels
que les cyprès, les pins maritimes, et assez
généralement tous les arbres résineux ou conifères ; les autres reprennent plus ou moins mal,
suivant leur nature ; et lorsqu'on m'objecte

qu'il y a des arbres qui réussissent, quoiqu'on ait coupé leur pivot et leurs grosses racines, je réponds qu'il y en a un très-grand nombre qui ne peuvent résister à cette mutilation. J'exhorte tous ceux qui sont dans cette erreur, de planter dans le même temps, avec un soin égal, dans le même terrein, deux arbres de même espèce, dont l'un ait les grosses racines et le pivot emportés, et l'autre les ait entières : qu'on compare ensuite leurs succès.

Puisqu'on cite des autorités pour justifier le préjugé barbare d'accourcir les racines et le pivot, je crois pouvoir en opposer deux bien respectables.

Olivier de Serres, dans son Théâtre d'agriculture, s'exprime ainsi : *Pour un préalable les arbres seront retirés de la terre et arrachés avec soin, à ce que toutes leurs racines en sortent saines et entières, s'il est possible ; et pour ce faire, il ne faut épargner, ni la dépense, ni la peine requise, ni aussi la patience nécessaire à cette action, de peur que par précipitation, les arbres mal arrachés se rendent inutiles.*

Il dit plus bas, en parlant des grands arbres à mettre en remplacement dans un verger :

« Afin de corriger la défectuosité des rangées,
« le moyen sera d'apprêter aux arbres un logis
« grand et ample, c'est-à-dire, de creuser des
« fosses-fort spacieuses, larges et profondes,
« à ce que leurs racines puissent s'y étendre à
« l'aise sans toucher la terre dure, puis les été-
« ter entièrement, les déchargeant de toutes
« leurs branches; *après, les arracher avec*
« *tant de patience, qu'aucune racine ne s'en*
« *rompe, et avec icelles les planter au lieu*
« *préparé.* On étendra aussi avec patience les
« racines, comme elles étaient en leur premier
« lieu, sans les forcer à autre assiette, ni aussi
« poser les arbres plus ou moins profonds, ni
« en *autre aspect du ciel* qu'ils étaient aupa-
« ravant, afin qu'ils se reprennent mieux et
« se ressentent moins du changement, que
« moins vous aurez altéré leur naturelle habi-
« tude, etc. » (*Théâtre d'agriculture, lieu* 6,
chap. 19.)

L'autre autorité est prise de Royer Scha-
bol, l'un des hommes le plus versé dans la
connaissance théorique et pratique des arbres.

« Il faut ménager soigneusement les pivots,
« bien loin de les couper en dessous près du
« tronc, suivant la pratique ordinaire des jar-

« diniers. *Il est impossible que toute plante*
« *pivotante, à qui l'on a supprimé son pivot,*
« *croisse et fortifie*, à moins que la perte n'en
« soit réparée de nouveau. Ceux qui ont étu-
« dié la nature, ont vu qu'elle reproduit un
« pivot et souvent plusieurs, à nombre de
« plantes qui en ont été privées.... J'ai re-
« marqué que les arbres fruitiers qui pivotent,
« ont toujours rapporté les fruits les mieux
« nourris et les plus succulents, et que les plus
« vigoureux qu'on lève dans les pépinières,
« sont ceux qui ont des pivots.

« J'ajoute que si l'on fouille au bout de
« trois semaines à l'endroit de ces plaies con-
« sidérables faites au tronc, on trouvera la
« terre imbibée des pleurs qui en sortent con-
« tinuellement. On verra la chancissure pren-
« dre a ses plaies, et des insectes, surtout de
« petites fourmis jaunes, picoter leurs lèvres
« dont ils empêchent la réunion. Par elles,
« de gros vers entrent quelquefois dans le tronc
« de l'arbre; et en montant toujours vers la
« tige, ils la carient au point qu'il meurt. *J'ai*
« *vu, à des arbres de vingt ans, ces plaies*
« *non recouvertes encore, et le corps ligneux*
« *devenu comme du terreau.*

« Ces observations ne s'accordent guère
« avec le sentiment d'un naturaliste moderne
« (Duhamel), qui recommande, dans ses
« écrits, de retrancher le pivot des arbres, et
« de mutiler leurs racines. Suivant lui, on ne
« risque rien en coupant, lors du labour, les
« racines du blé, de la vigne et des arbres. On
« leur rend même un grand service, parce que,
« pour quelques suçoirs qu'on leur ôte, il s'en
« forme une foule d'autres. »

Il faut planter les arbres avec toutes leurs
racines, quand elles auraient une aune de long;
c'est le moyen de leur faire pousser des jets
vigoureux dès la première année, et de les voir
tous formés à la seconde, etc. (*Pratique du
Jardinage*, tom. 1, chap. 4.)

De pareils principes ne peuvent guère s'ac-
corder avec la précipitation qu'on met à arracher les arbres, en coupant indistinctement
tout ce qui résiste. Ils s'accorderont encore
moins avec la censure d'un marchand d'arbres
qui, dans un article qu'il a fait insérer dans les
Annales de l'agriculture française, m'impute
des erreurs *capitales;* de faire rétrograder la
culture des arbres; de *sembler ignorer* que
tout arbre *de semence* a un pivot; de *croire*

que, sans racines pivotantes, pour correspon-
dre au développement des tiges, les arbres périssent, etc. etc.

Qu'il ne triomphe ni s'impatiente pas de mon
silence; il peut être sûr qu'il n'aura rien perdu
pour attendre.

(74) Il serait donc essensiel, pour déplanter
un arbre, d'ouvrir le trou de loin, de le faire
assez profond pour atteindre aux racines et au
pivot; mais le terrein des pépinières ne se
prête pas à ces précautions, et les ouvriers,
qui ont tant de monde à servir, n'en ont pas le
temps.

(75) Le moyen le plus utile, et plus expé-
ditif que celui qu'ils emploient, est de se servir
d'un levier armé au bout d'une pointe de fer,
de l'enfoncer sous le tronc, entre deux fortes
racinés, avec un gros maillet, dont on se sert
ensuite pour point d'appui, en faisant ce qu'on
appelle la *pesée* à l'autre extrémité du levier.
L'arbre s'enlève aussitôt, sans qu'il se casse
(ou du moins rarement) de racine essentielle.
(Voyez *fig.* 1.) On commence par soulever
le levier, et lorsque les racines ne résistent
plus par devant, on place le levier comme point
d'appui. J'en ai déplanté plusieurs l'année der-

nière, et celle-ci, quoique le terrein fût extrêmement sec ; que doit-ce être, lorsque la terre
est humectée ou imbibée de pluie?

(76) Si les arbres sont trop gros, ou opposent trop de résistance, on fait usage de deux
leviers. J'ai fait arracher, l'année dernière, une
partie d'allée où les arbres avaient dix ans,
et qui ne s'en sont pas ressentis. (Voyez *fig.* 2.)

(77) Si on ne peut passer le pieu entre les
racines, on y fait passer une corde; le maillet
sert de point d'appui à l'autre extrémité et on
soulève le levier. (Voyez *fig.* 3.)

(78) Si l'arbre résiste, on attache l'extrémité de la corde à un cric qui doit poser dans le
trou sur une planche ou du bois. Trois ou
quatre tours suffisent pour enlever l'arbre,
quand même il opposerait une résistance de
trois ou quatre milliers. (Voyez *fig.* 4.)

On juge, sans que je le dise, qu'il faut avant
dégarnir le tronc de l'arbre, de la terre qui
l'entoure, et éviter que le cric n'appuie sur les
racines. Souvent, au lieu de passer la corde
entre les racines sous le tronc, il suffit de l'atta-
cher autour du tronc, en faisant une bride qui
ne glisse pas.

CHAPITRE VII.

Des précautions à prendre après que les Arbres ont été déplantés, et de leur transplantation.

(79) La terre végétale est aussi nécessaire aux arbres que l'eau naturelle l'est aux poissons, et l'air atmosphérique aux hommes. Moins donc les arbres sont séparés de leur élément naturel, moins ils sont exposés aux accidens inséparables de cette séparation. Il y a donc un très-grand avantage de replanter le plus tôt possible les arbres dans la terre dont ils sont privés. Heureux alors le propriétaire ou le planteur qui a sous sa main, ou à sa portée, les arbres qu'il doit transplanter !

(80) Ordinairement, lorsqu'on les a arrachés dans la pépinière, on les laisse à terre ; souvent on les lie, et on les transporte à des distances considérables, sans les garantir du contact de l'air. Il en résulte une déperdition considérable de cette humidité végétale qui nourrit les racines, et qui est bientôt absorbée, surtout dans celles qui sont petites.

3

(81) Cette évaporation se fait avec d'autant plus d'abondance, que le soleil, ou un vent desséchant, exerce davantage son action sur les racines.

(82) L'inconvénient est encore plus fâcheux, lorsque les racines sont exposées à une forte gelée, ou à un froid très-rigoureux. Sur 480 érables qu'on eut l'imprévoyance de laisser deux jours exposés au froid l'hiver dernier, il n'en a réussi médiocrement que cinquante-sept.

(83) Tout propriétaire, ou tout entrepreneur est intéressé à ne prendre des arbres pour replanter, qu'à fur et mesure que le besoin l'indiquera; et s'il en a davantage qu'il n'en peut employer, il doit les conserver avec les précautions que j'indiquerai plus bas.

(84) Nous avons vu que dans la formation d'un arbre, la nature commençoit à former les racines, pour pourvoir à la formation de la tige. L'arbre à transplanter peut être considéré, sous quelques rapports, comme s'il avait une nouvelle carrière à parcourir. Il faut donc qu'il trouve dans les racines les secours nécessaire pour la vie de la tige. Pour produire cet effet, il faut que les racines aient le temps de s'éten-

dre, de se pourvoir des principes végétaux,
afin qu'elles les distribuent à la tige dans une
proportion convenable. Mais si la tige est trop
forte, ou a trop de branches, il est impossible,
du moins pour certains arbres, que les racines
puissent pourvoir à leur entretien, et à celui
de la totalité de la tige. Cette considération a
porté à étèter ceux des arbres à qui l'on pouvait faire sans inconvénient cette suppression,
afin que les racines puissent leur transmettre
une quantité suffisante de sève sans s'épuiser.
Plantez un pêcher, un poirier, un pommier,
avec toutes leurs branches; plantez des arbres
semblables en ne leur laissant que la tige : les
premiers languiront, végéteront, périront peut-
être, les autres, au retour de la sève feront
partir des boutons qu'on leur aura laissé, ou
de leur écorce, des rameaux vivaces qui don-
neront l'espoir d'élever des arbres vigoureux.

(85) A ce principe, si utile dans la pratique, ajoutons-en un autre qui ne l'est pas
moins. J'ai dit plus haut, et toutes les observations tendent à le démontrer, qu'il existe
une cause qui fait toujours monter la sève des
racines à l'extrémité de la tige et des branches.
Otez un arbre de terre, ses racines mourront

avant la tige et avant les branches. Nous avons
donc un grand intérêt d'empêcher que les racines ne s'épuisent dans un arbre déplanté, et
que la sève ne se porte pas inutilement dans
des branches, et à l'extrémité d'une tige qu'on
doit supprimer à l'époque de la plantation.
Donc, il y a un grand avantage, pour pré-
venir cet épuisement des racines, de supprimer de l'arbre, en le déplantant, tout ce qu'il
faudra en ôter au moment où on le trans-
plantera.

(86) Tout le monde trouvera son compte
à cette suppression. Le propriétaire recevra
des arbres moins fatigués; le marchand qui est
souvent obligé de les rendre à leur destination,
les ouvriers, qui sont obligés de les porter
sur leurs épaules, en allégeront le poids, pourront les lier plus facilement; et trouveront un
profit dans le bois qu'on supprimera.

(87) Je sens bien qu'un marchand n'oserait
faire un envoie d'arbres arrangés ainsi; mais
c'est au propriétaire à s'éclairer sur ses intérêts, et à demander que les arbres sortent de
la pépinière, tels qu'on doit les transplanter.
J'avoue que je vois toujours avec regret en-
voyer à soixante, cent, deux cents lieues,

même en Russie ou dans les îles, des arbres avec toutes leurs branches. J'en ai fait partir l'année dernière pour plusieurs endroits, que j'avais *habillés* comme je viens de le dire. J'avais mis à l'extrémité de la tige un englument pour empêcher l'évaporation de la séve ; ces arbres, plantés d'après les principes que j'exposerai plus bas, ont donné, à ce qu'on m'assure, des rameaux *étonnants*.

- (88) J'ai donné la recette de cet englument dans mon *Traité complet sur les pépinières :* je crois devoir la consigner ici, en faveur de ceux qui n'ont pas cet ouvrage.

Prenez deux cent quarante cinq grammes (demi livre) de poix résine, autant de poix noire; faites-les fondre; ajoutez-y la même quantité d'huile de noix ou autre; réduisez à un tiers; jetez sur ces matières une forte poignée de cendres tamisées; mêlez-les bien, en remuant. On fait fondre cette préparation dans un vase de terre, et on l'applique chaude, avec un pinceau, sur toutes les plaies qu'on fait à un arbre, soit en l'étêtant ou l'ébran chant, etc.

Il ne s'y fait plus aucune évaporation de sève, parce qu'elle est retenue par ces corps

gras. Je m'en suis servi le printemps dernier,
pour couvrir la plaie des arbres que j'avais
greffés en fente, et je puis assurer que les
pousses ont été bien plus vigoureuses, que sur
les sujets qu'on avait enveloppés avec la pou-
pée d'argile.

J'ai guéri, avec cet englument, un abricotier et des pêchers auxquels le suintement de
la gomme avait fait des chancres considérables.
Je me propose de rendre compte de plusieurs
expériences que j'ai tentées avec cet englument,
sur des plaies faites à des arbres, ou pour les
rapprocher et les rajeunir.

J'avertis, au reste, qu'il faut être très vigi-
lant, lorsque ces matières, très inflammables,
commencent à bouillir. Elles se dilatent beaucoup, débordent promptement le vase. On ne
pourrait en éteindre le feu s'il y prenait, et il
pourrait en résulter du danger. Le plus sûr est
de faire cette préparation à l'air ou dans un
endroit élevé, ou dans une cheminée.

Au reste, lorsqu'on veut se servir de cet
englument, il faut le faire fondre, ou le mettre dans de l'eau bouillante, pour pouvoir
l'appliquer avec un pinceau. Il est inutile d'en
mettre beaucoup. Il suffit que la plaie soit cou-

verte. Je l'ai appliqué presque bouillant sans
le plus léger inconvénient.

(89) Puisque le contact de l'air est préjudi-
ciable aux racines, je conseille de les faire aussitôt recouvrir de terre, jusqu'au moment de
les emballer. On doit avoir toujours la précaution, en supprimant les branches inutiles, et
en les mettant dans le même état où elles
doivent être à leur transplantation, de laisser,
si on plante en automne, soit aux branches,
soit à la tige, trois ou quatre yeux de plus
qu'on en laisserait au printemps, de crainte
que la gelée n'attaquât leur extrémité. Au
retour de la sève; on supprime ce qui est ex-
cédent.

(90) Ces réflexions font sentir la nécessité
de bien emballer les arbres, ou du moins de
couvrir leurs racines de litière, ou de tout
autre objet, surtout s'il faut les transplanter
loin, quelquefois à des distances considérables,
et principalement si le temps est trop froid ou
trop sec.

Un propriétaire se plaignait devant moi de
ce que son jardinier lui emmenait, par un
vent assez vif, une charretée d'arbres sans être
couverts. « Ils n'en mourront pas répondit le

« jardinier. — Ils n'en seront pas plus vigou-
« reux, dit le maître; aurais-tu voulu faire le
« chemin en chemise et à jeun? » Il y avait,
sans doute, beaucoup d'exagération dans une
pareille comparaison; mais elle était plus juste,
sous quelques rapports, que ne le croyait son
jardinier.

(91) Les chartreux de Paris qui, depuis très-
long-temps, justifiaient la grande réputation
dont ils jouissaient, pour la fourniture des
arbres, portaient l'attention jusqu'à faire ra-
masser une grande quantité de mousse pendant
l'été. Lorsqu'on avait lié un paquet d'arbres,
ils faisaient garnir de cette mousse alors humide, tous les intervalles qui se trouvaient
entre les racines. On les entourait ensuite
d'une forte quantité de paille. Il est bien rare
qu'ils se ressentissent du froid, ou que les racines fussent éventées. S'agissait-il de longs
trajets? lorsque les propriétaires en voulaient
faire les frais, on les faisait encaisser. Ils en ont
souvent envoyé de cette manière en Allema-
gne, en Russie, et même dans les îles. Moyen-
nant l'adresse et les précautions avec lesquelles
on les emballait, ces arbres arrivaient à quatre
cents, à deux mille lieues, quelquefois plus

frais que ceux qu'on transporte à quinze ou
vingt. Quelques pépiniéristes ont imité l'exemple qu'ils ont donné à cet égard, et envoient
de cette manière, au loin, des arbres qui arri-
vent aussi sains qu'ils peuvent l'être.

Si les arbres ne sont pas emballés, on ne
saurait, dans le transport, prendre assez de
précautions pour empêcher que les racines,
les tiges et les branches ne se cassent; qu'ils ne
soient pas exposés aux rigueurs de l'atmosphère, si le temps est froid, et au hâle, si le
vent est violent.

CHAPITRE VIII.

Suite des précautions à prendre, et de la plantation des arbres.

(92) Lorsque les arbres, ou toute espèce de
plant, sont arrivés à leur destination, le premier soin qu'on doit avoir, est de faire ouvrir
une tranchée, suffisamment profonde, et de
couvrir leurs racines d'une terre humide. Si
on voit que les racines sont sèches, ridées, il
est plus avantageux de les mettre dans une
marre ou bassin, et de les y laisser tremper
quelques heures, mais pas trop longtemps, ni

surtout jusqu'au moment de les planter, comme
le font quelques praticiens. La raison en est,
que, si les racines sont trop abreuvées d'eau,
elles n'ont plus ensuite, pendant quelques
jours, lorsqu'elles sont dans la terre, cette force de succion nécessaire pour aspirer les sucs
végétaux. Plusieurs expériences m'ont convaincu qu'il vaut mieux qu'elles soient un peu
affamées (si je puis m'exprimer ainsi) que trop
saturées.

(93) J'ai vu des personnes couper toutes
les racines qui paraissaient ridées ou sèches,
sous prétexte qu'elles étaient mortes : elles se
sont convaincues, dans la suite, qu'elles étaient
dans l'erreur, lorsqu'elles ont vu ces mêmes
racines reprendre leur vie et leur fraîcheur,
surtout dans une eaux dégourdie, dans laquelle
on avait délayé un peu de crottin de cheval
ou de la fiante de pigeon, avec une poignée
de chaux vive, sur quarante litre d'eau (environ quarante deux pintes). On coupe, sans
aucun ménagement, les racines qui ont été
gelées. Je crois qu'il n'est pas inutile de consigner ici les expériences que j'ai faites à cet
égard.

(94) En 1784, je fis déplanter plusieurs ar-

bres, que je me proposais de faire planter le lendemain. Il survint dans la nuit un vent du nord, qui fit baisser le thermomètre à 4 degrés au-dessous de la glace. Huit arbres qu'on n'avait pas abrités, furent exposés au froid. Je les fis mettre sous un hangard, sans autre précaution que de les garantir des rayons du soleil. Trois jours après, les racines glacées se cassèrent comme du bois sec. J'en plantai deux tels qu'ils étaient; j'en fis tremper quatre, pendant environ six heures, dans une dissolution tiède de crottin à la chaleur d'environ 30 degrés; j'en fis tremper deux autres dans une marre, dont la surface était couverte de glace d'environ un pouce d'épaisseur. Ces deux derniers réussirent médiocrement; les autres ne donnèrent aucun signe de végétation, et j'attribuai leur perte au passage subit qu'ils avaient éprouvé d'un froid de 4 degrés, à une température pour les uns de 30 degrés de chaleur, pour les autres de 12, que pouvait avoir la terre dans laquelle je les avais mis, après avoir entouré la tige d'une couche assez épaisse de fumier chaud, recouvert d'une terre bien humectée. Ceux qui ont réussi avaient été rappelés graduellement à la vie. C'est ainsi que

lorsqu'un homme qui a été exposé à un froid
violent, se trouve avoir quelque membre gelé,
on commence à le frotter avec de la glace, de
la neige, des eaux froides, desquelles il éprouve
une sensation relative de chaleur qu'on augmente insensiblement, jusqu'à ce que le mouvement se rétablisse. Si on le baignait dans de
l'eau qui nous paraîtrait médiocrement tiède,
elle ferait sur lui l'impression que nous éprou-
verions de l'eau bouillante. J'ai vu une fille
d'environ onze ans, qui avait eu un pied gelé,
on eut l'imprévoyance de l'entourer avec des
linges très chauds; il fallut lui couper deux
doigts attaqués de la gangrène.

CHAPITRE IX.

De la plantation.

(95) Avant de porter les arbres au lieu de
la plantation, il faut avoir rempli, du moins
en très-grande partie, les trous. Bien des personnes se contentent de mêler les différentes
terres qu'elles en ont tirées, et elles plantent
ensuite. Cette pratique ne peut avoir qu'un
très-médiocre succès, à moins qu'on ne plante

dans une terre de fond, et reconnue pour être
bien végétale. Il vaut bien mieux laisser de côté
celle qui ne l'est pas, ou qui ne l'est que très-
peu, et en employer une qui puisse mieux
remplir l'objet qu'on se propose.

(96) On supplée à son infertilité, en rem-
plissant le fond du trou, avec des gazons, des
plâtres écrasés, des raclures de basse-cour,
des feuilles, des curages de marres et de fossés,
qui ont été exposés un an à l'air, et retournés
à plusieurs reprises. Si on n'est pas assez heureux pour s'en procurer, il faut le remplir,
autant qu'il est possible, de la surface de la
terre voisine du trou, qui contient du moins
plus de principes de végétation (15).

(97) Si le fond du trou est une terre purement sablonneuse, on peut y mettre environ
6 pouces (16 décimètres) d'argile, pour empêcher le trop prompt écoulement de l'eau.

(98) Si, au contraire, le fond est trop ar-
gileux, ou glaiseux, ou de tuf, et ne permet
pas à l'eau de s'infiltrer (7), il faut, après avoir
creusé plus profondément, remplir le fond du
trou de gravois, et à défaut, de pierrailles.
de sable, de fagots bien tassés, qui, mêlés
avec la terre, laissent passer l'eau et, en se

pourrissant, aident beaucoup à la végétation,
lorsque les racines parviennent à cette profondeur.

(99) La terre sur laquelle on doit placer
les racines, doit être toujours la meilleure,
ainsi que celle qu'on se propose de mettre au-
dessus.

(100) Je crois qu'il est très-avantageux,
autant qu'il est possible, d'orienter l'arbre (73);
c'est-à-dire, de lui donner la même exposition
qu'il avait dans la pépinière; ce qui est très-
praticable dans presque toutes les plantations,
excepté lorsqu'on plante des arbres en espalier
le longs des murs. Quelques personnes regar-
dent cette recherche comme inutile, d'après le
sentiment de quelques auteurs; d'autres, au
contraire, étayent leur opinion du sentiment
de plusieurs bons agriculteurs et de leur propre
expérience. Un propriétaire qui tient fortement
à cette pratique, m'a assuré, il n'y a pas long-
temps, que, sur un grand nombre d'arbres
qu'il avait plantés l'année dernière, tous ceux
qui ont été orientés avaient généralement
réussi; que le plus grand nombre des autres
qui ne l'avaient pas été, avaient péri. Je crois
qu'on peut répondre aux antagonistes de cette

pratique : vous êtes dans l'opinion qu'elle est
inutile ; d'autres sont persuadés du contraire ;
il n'en coûte pas davantage de placer un arbre
d'une manière que d'une autre. Dans l'incertitude orientons le.

(101) Il faut avoir l'attention de bien placer
les racines, sans contrainte et sans violence,
dans leur direction naturelle, autant qu'il est
possible.

(102) Il est cependant des cas où on doit
s'éloigner de cette règle. Plusieurs arbres ont
un pivot ou des racines pivotantes. Que font
beaucoup de planteurs ? Ils les raccourcissent,
ou les coupent près du tronc, en prétendant
qu'il se fera plusieurs embranchemens de racines, des espèces de chicots qui restent. Qu'en
arrive-t-il ? Avant que la nature puisse se livrer
à ce travail, l'arbre privé du secours qu'il devait attendre de ses racines et de son pivot,
languit, et est incapable de résister à une crise
aussi violente. Je le répète, si les racines sont
les agens établis par la nature, pour aspirer,
digérer les sucs végétaux qu'elles transmettent
à la tige et aux branches, moins il y en a,
moins elles peuvent leur transmettre ces secours.

(103) Que faut-il donc faire? Laisser les racines et le pivot dans tout leur entier sans les
écourter en aucune manière, comme le font
tant de manouvriers sous prétexte de les *ra-
fraîchir*. Au lieu de les enterrer dans toute
leur longueur, parce qu'elles ne trouveraient
pas assez de sucs végétaux à une trop grande
profondeur, il faut les plier horisontalement
ainsi que le pivot, et leur donner presque la
direction des racines nageantes.

(104) Lorsqu'on veut faire bien enraciner
des boutures, on les coude. Pour faire des
bonnes marcottes, on enfonce dans la terre
les rameaux qui partent du tronc, et on les
relève de manière qu'ils forment un arc. Où
naissent principalement les racines? A la courbure, que des praticiens appellent l'*anse à
panier*. A ce point-là, la sève, plus gênée,
cherche à se faire un passage; forme des mamelons, fait épanouir des boutons dans la terre,
où leurs rameaux deviennent des racines. La
même chose arrive en coudant principalement
le pivot, en donnant une courbure aux racines
qui ont une direction pivotante, et en dirigeant leur extrémité pour en faire des racines
nageantes. La sève dont s'imbibe la partie du

pivot et des racines que vous avez plié y
éprouve les mêmes difficultés que dans les
marcottes. Elle doit donc avoir les mêmes
résultats. Vous ne les obtiendrez jamais en
accourcissant le pivot et les racines, puisque
vous supprimez la cause qui peut produire ces
résultats.

(105) Ces vérités sont si simples, si fort à
la portée de la plus faible intelligence, que je
suis toujours étonné qu'un préjugé barbare,
une routine stupide, perpétuent la fureur
d'accourcir, de mutiler les pivots et les racines, et de diminuer dans les arbres les moyens
de végétation et de vie. S'ils sont aussi long-
temps à se former ou à nous donner des fruits-
s'il en est tant de languissans, et qui ne four-
niront qu'une courte et inutile carrière; s'il
en périt tous les ans des millions, c'est, en
grande partie, à cette pratique funeste que
nous devons d'aussi tristes résultats. Que ne
puis-je faire entendre à tous les propriétaires
ces utiles paroles : Éclairez-vous enfin sur vos
intérêts! Que ne puis-je les liguer tous contre
un système qui frappe de stérilité ou de mort
une partie de leurs plantations. Ilserait digne
des sociétés d'agriculture de donner aux agri-

5.

culteurs une direction constamment utile vers
un objet aussi important. Il ne le serait pas
moins des préfets des départemens d'encou-
rager, autant par des gratifications proportion-
nées, le succès des plantations faites dans de
bons principes, qu'ils mettent de l'empresse-
ment à les exciter.

(106) Ah! si j'étais assez heureux pour que
ma faible voix pût se faire entendre des chefs
du gouvernement! Si jamais mes vœux, mes
efforts pour me rendre utile, pouvaient me
mériter le seul prix que j'ambitionne, un peu
de confiance de leur part, je leur dirais : Vous
avez non-seulement prévenu la ruine de la
France; mais en l'élevant, comme par un pro-
dige, au premier rang des nations, vous n'avez
été étrangers à aucun bien, ni à aucune gloire.
C'est de ces arbres antiques que nous ont
transmis nos ancêtres, que vous avez formé
ces nombreux bâtimens qui vont humilier le
tyran des mers, et assurer la liberté de tous
les peuples de la terre. Vous désirez remplir
le vide immense que l'amour du bien général
des nations a occasioné ; il vous reste à offrir
à la postérité des arbres qui attesteront aux
générations, et vos bienfaits, et notre recon-

naissance. En la partageant, elles inscriront vos noms parmi les bienfaiteurs de la patrie; mais ordonnez qu'on plante utilement et avec succès. Il ne nous reste presque plus rien des belles plantations que fit faire Sully sous Henri IV. La tradition des bons principes d'Olivier de Serres a été presque perdue avec ce grand homme. Bien loin de se perfectionner, ses principes sont tombés en désuétude vers le milieu du règne de Louis XIV.

Il est digne de votre sagesse, de votre zèle pour la prospérité publique, de faire revivre cette utile pratique, qui devait rendre les arbres presque immortels. A la vue des dissentimens sur l'art si nécessaire de planter, consacrez un terrein; ordonnez des expériences publiques, qu'on essaie de toutes les méthodes sur les différentes espèces d'arbres; que tout le monde soit autorisé à offrir le tribut de ses lumières et de son expérience; qu'on compare, qu'on apprécie les résultats, qu'on adopte, qu'on annonce, qu'on répande de tous côtés celui qui aura eu le plus de succès, et vous aurez, à bien peu de frais, rendu à l'agriculture française et à l'Europe le service le plus signalé.

En 1768, M. le comte de Saint-Priest,

alors intendant du Languedoc, voulut favoriser la culture du mûrier blanc, pour augmenter le produit de la soie. Il rendit une ordon-
nance par laquelle il accordait dix sols en
exemption de taille pour chaque mûrier qui
serait planté dans les champs le long des routes.
Celle des environs de Toulouse, Lavaur, Cas-
telnaudari, Castres, etc., où l'on cultivait peu
ces arbres, en furent bordées, et il s'y établit
un très-grand commerce de cocons quinze ans
après. Il n'y a que l'autorité administrative qui
puisse donner une pareille impulsion.

(107) Je mempresse de répondre à une objection qu'on ne manquerait pas de renouveler:
d'après vos principes, dira-t-on, sur la courbure des racines et la *coudure* du pivot, il
s'ensuivrait qu'il y aurait de l'avantage à couder indistinctement toutes les racines pour ou
augmenter le nombre.

J'observe d'abord que je n'ai parlé que des
racines pivotantes, et je ne dois pas même négliger de dire que, dans la première année, les
pousses des arbres que je traitais ainsi ne me
paraissaient pas aussi vigoureuses que celles
des autres arbres qui n'étaient point coudés;
mais dès le retour de la sève d'août, l'éruption

et la pousse des rameaux étaient bien plus vigoureuses, et cette vigueur devenait compara-
tivement plus sensible dans les années suivan-
tes. Le grand intérêt de tout propriétaire est
que l'arbre forme bien ses racines la première
année; plus elles se fortifieront, plus le succès
de l'arbre est assuré.

(108) Mais lorsque l'arbre est bien garni de
racines nageantes, lorsqu'elles sont entières et
bien distribuées, il y aurait une exagération
de principes, que de chercher à lui en faire
acquérir un plus grand nombre. Il vaut autant
laisser à la sève sa liberté, pour pousser des
rameaux vigoureux qui commencent à réali-
ser, dès le début de la plantation, l'espoir de
son maître; mais si un arbre a des racines rares
ou mal placées, je crois qu'il peut être utile de
les couder. Je n'ai pas assez constamment suivi
cette expérience pour donner quelques assu-
rances sur son degré d'utilité; mais en voici
une que j'ai faite. En 1790, je voulais planter
un pommier qui n'avait que trois racines assez
fortes, et dirigées vers le même côté. Je cou-
dai, autant qu'il me fut possible, les deux racines latérales, et les assujettis dans une posi-
tion opposée avec de petits bâtons fichés en

terre, ayant la précaution de mettre entre ces
bâtons un petit tampon de paille, pour que les
racines ne s'écorchassent pas. Deux ans après,
il y avait beaucoup de racines, du côté qui en
aurait été dépourvu. Cet arbre promettait
beaucoup, lorsqu'il a cessé de m'appartenir.

Je présume qu'en pareille circonstance il ne
serait pas impossible qu'avec du soin et de l'intelligence on pût faire naître artificiellement
des racines, du bas du tronc, ou en greffer,
soit en écusson, soit autrement, sur les racines
existantes; mais je n'ai pas donné une suite
nécessaire à ces expériences qui peuvent dans
les mains d'un homme qui aurait le talent, qui
me manque, devenir aussi curieuses qu'utiles.

(109). Lorsque l'arbre est placé dans une
direction convenable, et que ses racines sont
bien distribuées et arrangées, il faut répandre
légèrement, et peu-à-peu, de la terre bien
émiettée, pour qu'elle s'écoule au-dessous et
entre les racines. S'il y a engorgement, on
donne des petites secousses à l'arbre en le soulevant, et la terre descend peu-à-peu. Lorsque
les racines sont couvertes jusqu'à la greffe, on
sent bien que la terre n'est rien moins que
tassée. Alors on ne soulève plus la tige, parce

que l'arbre finirait par se trouver trop haut. Il faut alors, sans déranger les racines, tourner légèrement la tige à plusieurs reprises. La terre descend aussitôt, et continue de garnir les vides qui peuvent se trouver entre les racines.

On met ensuite la terre des bords dans le trou, en commençant par garnir ses angles, et de ma-nière qu'elle s'élève, comme si elle formait une espèce de cuvette autour de l'arbre, à une dis-ance de 24 centimètres) environ 9 pouces). Je fais remplir cette cuvette de la meilleure terre, et de préférence, de terreau, si on peut l'avoir; une brouettée suffit pour quatre, cinq ou six trous; on arrose vers la tige; on la tourne circu-lairement, et cette terre ainsi dissoute, descend le long du tronc et des racines. Pour faire péné-trer l'eau, on s'aide d'une fourche de fer à trois dents, qui, en perçant et soulevant la terre à plusieurs reprises, fait descendre l'eau qui tasse la terre, et l'attache aux racines. Je fais ensuite couvrir cette terre, ainsi mouillée, d'une légère quantité de fumier chaud, peu consommé, qui, outre les principes de végé-tation qu'il dépose dans la terre, la garantit du hâle, conserve une fraîcheur favorable aux raci--nes, et excite ou augmente une fermentation qui provoque bientôt la naissance du chevelu.

Par-là, lorsque le froid s'oppose à toute végétation extérieure dans le sein de la terre, les
racines, à l'abri des frimats, travaillent en silence aux moyens de procurer à la tige les secours qu'elle attend pour prendre une nouvelle
vie au printemps.

Il ne faut pas manquer de couvrir ce fumier
de deux pouces de terre, pour qu'il puisse fermenter plus facilement.

(110) Au lieu de terreau, il est plus avantageux, pour les arbres qui l'exigent, tels que les
arbres verts, et les arbres difficiles à la reprise,
d'employer de la terre de bruyère dans laquelle ils ont été semés ou élevés.

(111) Beaucoup de personnes, celles qui cul-
tivent principalement les plantes résineuses
et exotiques, parlent beaucoup de terre de
bruyère, et, dans le fait, bien peu de monde
en a.

On appelle terre de bruyère la légère surface d'un terrein ordinairement sablonneux et
infertile. La décomposition de ces bruyères,
ou de leurs feuilles, du peu d'herbes qui est sur
cette terre, y forme une couche végétale, plus
ou moins épaisse, qu'on enlève, qu'on met en

tas, pour la faire fermenter, et cette terre est
très-utile à la végétation, surtout pour faciliter
la naissance de la radicule et des racines qui
la percent facilement.

(112) Au défaut de cette terre, qui n'est pas
assez commune, et assez à proximité pour les
besoins de tous ceux qui l'emploient, on prend
dans les bois et les forêts la surface de la terre,
qui n'est qu'une décomposition lente des feuilles, des petites racines, de morceaux de bois,
et on l'emploie de la même manière, et presque avec autant de succès.

(113) Cette terre peut être suppléée sous
bien des rapports, par la décomposition des
feuilles des végétaux qui ont été réduits dans
l'état de terreau, par la fermentation, et on
peut l'employer pour les arbres dont je viens de
parler.

On étête, si on ne l'a déjà fait, les arbres en
espalier à environ 18 à 20 centimètres (7 à 8
pouces), les demi-tiges et les arbres fruitiers
à plein-vent, à une hauteur convenable. On
dirige ces derniers sur deux ou trois branches
latérales, à qui on ne laisse que trois yeux. S'il
a une branche verticale, on supprime toutes

4

les branches latérales, et on ne laisse à la tige
que trois ou quatre yeux.

(114) Pour empêcher l'effet du froid et le
suintement du peu de sève qui peut circuler,
il est nécessaire de recouvrir la plaie avec de
la bouze de vache mêlée d'argile, ou en appli-
quant avec le pinceau la composition que j'ai
indiquée (88), et qui m'a constamment mieux
réussi que toute autre. Sans cette précaution,
le froid durcit, fait périr la surface du bois et
de l'écorce, et le recouvrement se fait avec
plus de difficulté.

(115) L'avantage qu'il y a de planter utilement avec une terre bien émiettée est bien fait
pour éclairer ceux qui se permettent d'ouvrir
des trous et de planter après qu'il a plu, et
lorsque la terre est bien mouillée. On ne peut
alors entourer les racines qu'avec des glèbes
compactes, qu'on ne peut jamais diviser assez
pour les faire glisser au-dessous, ou entre les
racines. Il reste donc des intervalles par lesquels elles s'éventent, lors même qu'elles sont
privées des secours qu'elles peuvent retirer de
la terre qui doit servir à leur nourriture. On
doit y suppléer et remplir ces vides en piéti-
nant la terre, sous prétexte de la faire glisser

sous les racines; on ne fait qu'augmenter le mal, en la rendant plus compacte, moins pé- nétrable au chevelu que produisent les diffé- rens mamelons qui sortent des racines.

Il est donc préférable à tout égard d'attendre que la terre soit bien essorée; et si les circons- tances, ou la continuité de la pluie et des brouillards ne permet pas ce délai, il n'y a d'autre moyen que d'arroser de manière que cette terre soit délayée sous une forme pres- que fluide, comme si c'était de la boue : on est sûr alors que la terre s'unit intimement aux racines. L'eau dont elle est imbibée se filtre ou s'évapore insensiblement, et laisse des petits vides par lesquels le chevelu peut pénétrer et s'étendre.

(116) Je viens de faire connaître l'abus du trépignement en ce qu'il sècle la terre. Il a en outre le grave inconvénient de casser souvent les racines, de leur faire prendre une fausse direction, de les enfoncer, et d'opposer des obstacles à la circulation de la sève.

(117) Il est essentiel de donner aux arbres à haute tige, et particulièrement aux arbres fruitiers, des tuteurs droits auxquels on les attache pour leur faire prendre une bonne

direction, et pour en empêcher qu'ils ne soient agités par le vent. Ce sont des frais dont on est bientôt dédommagé.

Sans cette précaution, les vents les agitent dans tous les sens; la terre, dans laquelle ils sont plantés, cède à ses efforts; le mouvement se communique jusqu'aux racines, qui n'ont plus assez de facilité pour bien former le chevelu. D'ailleurs, le froid pénètre par l'ouverture qui se fait nécessairement autour de la tige; les neiges et les frimas s'y insinuent; l'arbre penche vers le point opposé à celui d'où souffle le vent, et on a, si on n'y remédie au commencement, bien de la peine à lui donner une direction convenable. Il résulte de cette fausse direction, que la sève circule plus difficilement dans cet arbre; car il ne faut jamais perdre de vue que la sève (à moins d'une exception particulière) circule avec plus de force dans un canal vertical que dans celui qui est oblique.

(118) La nécessité de supprimer une partie de la tige dans les arbres qu'on destine pour faire des espaliers, ou pour faire des plein-vents, est bien faite pour éclairer ceux qui veulent planter des arbres fruitiers pyramidaux tout

formés. J'ai bien de la peine de revenir de ma
surprise, lorsque je vois des propriétaires qui
en plantent tous les ans de cette manière, sans
aucun succès, s'aveugler assez pour se ménager, en en plantant encore, de nouveaux regrets. Sur peut-être deux cents que je vis, il y
a trois jours, et qu'on planta l'annéé dernière,
je doute qu'il y en ait plus de trois sur lesquels
on puisse fonder des espérances raisonnables.
Une quenouille plantée avec toutes ses branches, et d'après la pratique commune, me
paraît un phénomène prodigieusement rare
auquel on doit peu s'attendre.

(119) Mais, pour faciliter la formation des
racines, faut-il étêter tous les arbres? Voilà
une difficulté très-importante à résoudre.

1° Il est des arbres qui, par leur nature,
n'ont pas une transpiration aussi abondante
que d'autres, et à qui il faut moins de sève;
tels sont les arbres résineux et autres arbres
verts, dont on ne coupe jamais le sommet, ni
même les branches impunément. Les exceptions qu'on peut offrir à cet égard, même en
citant l'exemple de quelques gros arbres, ne
sauraient prévaloir contre ce principe; aussi
ces arbres ont-ils besoin de toutes leurs raci-

nes. Il est bien rare qu'ils n'en meurent, si on
supprime, ou si on écourte leurs racines. Si on
coupe l'extrémité de celles du cyprès, qui se
termine par un point noir, s'il ne périt pas,
il cesse de croître dans sa tige et dans ses racines. Je n'ai jamais vu réussir le pin maritime,
lorsque ses racines étaient offensées. Le pin du
nord paraît en général plus robuste; mais j'en
ai vu périr sept cette année, qui n'avaient que
cinq ans, quoiqu'on les eût plantés avec le plus
grand soin; mais on n'en avait pas pris assez
pour la conservation de leurs racines au dé-
plantage.

2° Il est d'autres arbres que la nature a destinés à filer, et dont la beauté et le prix sont dans
la longueur et le diamètre proportionné qu'ils
acquièrent.

Dans le nombre de ces arbres, il en est qui
prennent de bouture, parce que leur bois, tendre et spongieux, suçant une grande quantité
de sève, donne aux racines plus de facilité de se
former promptement; telles sont toutes les espèces de peupliers, les platanes, les sycomores
qu'on plante dans toute leur longueur. On se
contente de laisser dans le corps de la tige des
branches latérales pour intercepter une partie

de la sève, qui ne manquerait pas de se porter
à l'extrémité d'une tige qui se courberait nécessairement sous le poids de cette sève deve-
nue trop abondante.

Il est d'autres arbres qui, encore jeunes,
ont beaucoup de moëlle, et qu'on ferait périr,
ou qui végéteraient si on les étêtait; tels sont
le frêne, le noyer, le maronnier d'Inde, etc.

3° Il en est d'autres enfin, tels que le chêne,
le sorbier champêtre ou le cormier, qui, quoique d'un bois très-dur, ne deviendraient jamais des arbres de prix si on les étêtait; mais
il faut observer qu'ils demandent, soit dans
leur plantation, soit après, une plus grande
recherche de soins.

Je crois devoir répéter ici ce que j'ai déjà
dit de l'orme : je suis convaincu, d'après une
expérience soutenue, qu'on doit le compter
dans le nombre des arbres qu'on ne doit point
étêter, quoique peut être, depuis cent ans,
un usage contraire eût prévalu.

Cet arbre n'a de prix qu'autant qu'il a une
belle tige, bien droite, et d'une longueur convenable ; c'est ce qu'on n'obtiendra jamais en
le dirigeant sur une branche latérale, comme
on peut s'en convaincre en considérant ceux

qu'on a plantés depuis cinquante ou soixante
ans.

(120) On doit éprouver d'autant moins d'incertitude en plantant cet arbre dans toute sa
longueur, comme je l'ai indiqué pour les peupliers, qu'il réunit à lui seul bien des avantages
que les autres arbres n'offrent qu'en partie. Il
a des racines latérales ; beaucoup de ce qu'on
appelle le chevelu, et en outre un pivot. Que
de moyens de végétation ! C'est donc une
erreur de les étêter. Elle est encore plus grande,
lorsqu'on les étête pour les mettre en remplace-
cement. Étouffés par l'ombre de ses voisins, ne
pouvant jouir librement, comme eux, des influences de l'atmosphère, ils languissent, végètent. Ils auraient un sort bien différent, si
leur cime, s'élevant davantage, pouvait aspirer avec moins d'obstacle les sucs végétaux
qui sont dans l'air.

Il serait bien à désirer que, secouant le joug
de l'habitude, les particuliers, ou les adminis-
trations, s'éclairassent à cet égard. Avec les
précautions que j'ai indiquées, soit pour la
déplantation ou la transplantation, je n'ai jamais vu d'orme qui ne soit bien venu.

(121) Comme dans plusieurs endroits, on

met en terre des plançons ou des plantards de
peuplier, de saule, etc., je crois devoir indiquer une meilleure manière de les planter que
celle qui est en usage. On commence par faire
avec un pieu, qui sècle la terre dans tous les
sens, un trou profond, dans lequel on met de
force le plantard, et on se contente de garnir
les vides qui restent dans ce trou avec de la
terre. On sent bien que les racines qui sortent
de ces plantards, trouvant une terre trop compacte, n'ont pas la force de l'entr'ouvrir, ou la
percent du moins très-difficilement. Il résulte
de là, ou qu'ils périssent, ou qu'ils ne se forment que très-lentement.

On n'a pas cet inconvénient à craindre par
la méthode qui m'a toujours réussi, et à toutes
les personnes à qui je l'ai indiquée. Il faut ouvrir avec la bêche un trou de 32 centimètre sur
64 de largeur (1 pied de profondeur sur 2),
percer ensuite un trou avec le pieu, et y enfoncer de suite le plantard, pour qu'il y trouve à
cette profondeur un point d'appui, alors on
remplit le trou fait avec la bêche, de la terre
qu'on en a tirée, et qu'on émiette autant qu'il
est possible. On butte le plantard avec de la
terre voisine, afin qu'il puisse mieux résister

à l'action du vent. De cette manière, tout plantard a plus de racines dans un an, que dans quatre, par l'autre procédé.

Quant aux jeunes boutures et à la vigne, il faut faire un trou d'une grosseur proportionnée, et couder le sarment ou la jeune branche, comme je l'ai indiqué pour le pivot de l'arbre. Cette pratique est infiniment préférable à celle d'enfoncer la bouture, ou le cep verticalement dans un trou fait avec un pieu.

(122) Je croirais laisser imparfait ce chapitre sur les plantations, si je ne parlais de deux erreurs très-graves dans la pratique, et qui ont les plus fâcheuses conséquences : la première est la manie qu'ont plusieurs personnes de planter les arbres trop profondément, sous prétexte de garantir les racines de l'action du froid ou d'un excès de chaleur. Il résulte de-là, que les racines se trouvant dans une couche de terre, dans laquelle l'air pénètre très difficilement, et qui ne peut participer, du moins qu'avec bien de la peine, aux influences de l'atmosphère, n'en retirent qu'une sève grossière, mal élaborée, qui s'épure mal, et même en trop petite quantité pour produire du fruit. Il en est de même pour les arbres qui n'en

produisent pas pour notre usage; tels que les
arbres forestiers. J'ai vu constamment que
le bois des arbres trop enfoncés avait moins
de qualité, et conservait plus d'obier.

(123) Il ne faut donc jamais s'écarter du
principe de replanter les arbres à la même
hauteur qu'ils avaient dans les pépinières, en
ne perdant jamais de vue que, lorsque la terre
est défoncée, elle s'affaisse de 2 millimètres
(un pouce) par pied. Ainsi, pour ne pas se
tromper, on place une règle, ou on tend un
cordeau sur le niveau du terrein, de manière
qu'il passe au pied de l'arbre; alors on ne peut
manquer de lui donner la hauteur convenable.

Sans donner dans aucun excès, il vaut mieux
que l'arbre soit moins enfoncé dans la terre,
que s'il l'était trop, comme on le voit bien
souvent. La raison en est que plus les racines
sont près de la surface de la terre, plus elles
sont à portée d'y aspirer les sucs végétaux de
l'atmosphère.

(124) Cette précaution est même nécessaire,
si le sol est très-humide, exposé à être inondé
pendant l'hiver, ou si l'eau est trop près de sa
surface. J'ai vu, dans ces circonstances, relever
des espaliers qui ne donnaient jamais de fruits,

et qui, par ce moyen, en ont produit beaucoup. J'en ai planté moi-même un dans lequel
les racines n'étaient pas à un décimètre (4 pouces) de la surface. Je fis buter les arbres avec
de la bonne terre, et la plantation réussit très-
bien. J'ai vu également un beau verger de
fruits à boisson dans un terrein qui n'avait pas
21 centimètres (8 pouces) de profondeur. On
buta fortement les arbres; les poiriers surtout
y sont venus d'une grande beauté et fertilité;
mais il faut toujours avoir l'attention, pour
éviter le hâle ou la sécheresse, de mettre au
pied de ces arbres, entre deux terres, de la
litière, de la mousse et des feuilles, ou tout
ce qui peut entretenir l'humidité, et avoir soin
de les arroser souvent.

(125) Sous prétexte d'avoir des primeurs,
les jardiniers mettent des légumes, des pois
aux platte-bandes, le long des espaliers; cet
usage leur est funeste. A Montreuil, et dans
tous les endroits où l'on cultive bien le pêcher
et les autres fruits, on est très-éloigné de cette
pratique. On fume de temps en temps des larges platte-bandes uniquement pour la prospérité des arbres; on se contente d'enfoncer le
fumier avec la fourche, et on ne bêche jamais

le terrein pour ne pas offenser ou couper le
chevelu et les racines, qui s'étendent au loin.

(126) L'inconvénient qui résulterait des
semis, des plantations des légumes, et du labour à la bêche, serait plus considérable, si
les arbres de l'espalier étaient butés.

(127) Parmi le grand nombre d'exemples
que j'ai vu, du danger d'avoir des arbres trop
enfoncés, je crois devoir en citer un. Après de
fortes pluies et une inondation considérable,
des pommiers et des poiriers à cidre se trou-
vèrent enterrés à environ 48 centimètres (un
pied et demi). Il en périt une grande partie
dans l'espace de deux ans, quoique la terre
fût très-végétale, puisque c'était celle de la
surface des champs qui avait été entraînée.
D'après mon conseil, un propriétaire fit ouvrir
des trous profonds d'environ 2 mètres de diamètre jusqu'aux racines. Elles restèrent en
partie découvertes tout l'hiver jusqu'en avril.
Les arbres furent couverts de fruits.

(128) Je crois devoir même observer à cette
occasion que, dans quelques endroits de la
Normandie et ailleurs, on se trouve très-bien
de la pratique de travailler en automne le pied

des arbres à boisson, et de laisser les racines
découvertes tout l'hiver.

Il résulte de cette méthode que les différens
météores de l'atmosphère déposent auprès des
racines et du tronc des sucs végétaux, qui n'y
auraient pas sans cela pénétré avec autant de
facilité, et en si grande abondance; que d'ailleurs le froid retarde le mouvement de la sève,
par conséquent la floraison, et qu'on est moins
exposé aux gelées, ou aux intempéries de l'air,
au commencement du printemps. Cette pratique m'a toujours paru très-bonne pour tous
les arbres, lorsqu'elle a été suivie avec un sage
discernement.

(129) La seconde erreur dans les plantations, est de mettre les arbres trop près. Je
connais peu de propriétaires qui n'aient fait
une double, une triple consommation d'arbres, pour mal planter. J'ai moins de regrets
aux frais que cette manie leur occasionne,
qu'au tort qu'ils font aux arbres, et à celui
qu'ils éprouvent en se privant d'une jouissance
dont ils croient pouvoir se flatter. J'ai vu
planter à 2 ou 3 mètres (6 ou 9 pieds) des
pêchers dont les branches se fussent croisées
dès la première année, s'ils eussent été choisis

et plantés avec autant de soin que ceux qui
sont au bas de la terrasse du Luxembourg, à
la pépinière des Chartreux, que le gouvernement a fait planter. Ils sont à 8 mètres (24
pieds), et dans quatre ou cinq ans ils se join-
dront. Les beaux pêchers de M. Petit, marchand grenetier, sont trop près à 10 mètres
(3o pieds). Ils sont dans son jardin, rue Coul-
barde, et fixent le suffrage des amateurs; ainsi
que les belles jacinthes, les narcisses, les
étonnantes tulipes, et les renoncules qu'il y
cultive avec tant d'art et de soin. J'ai vu des
poiriers sur franc, de 22 mètres (66 pieds
d'envergure. J'ai vu deux pignons entiers de
plus de 20 mètres (5 toises carrées de surface,
dont l'un était entièrement couvert des branches d'un poirier, et l'autre, de celles d'un
prunier de reine-claude, qui portaient des
fruits en abondance.

Vous voyez tous les jours ce qu'il en arrive,
lorsque les branches sont trop près. Elles se
dépassent mutuellement. On ne peut les croi-
ser. Il faut tailler court. La sève, qui est trop
abondante, fait avorter le fruit, pousse des
gourmands; plus on les taille, plus il en vient,
et il faut toujours les retrancher. L'arbre ré-

siste peu de temps à ces sortes de mutilations, qui sont contre nature, et on est bientôt privé du seul avantage dont on jouissait, celui de voir les murs couverts de verdure.

Je n'entends dire que trop souvent : si j'espace davantage mes arbres, je serai long-temps à voir mes murs masqués par des feuilles ; et le marchand de faire *chorus* avec le jardinier ! L'un, parce qu'il vendra un plus grand nombre d'arbres, et l'autre, parce qu'il a une remise sur chacun de ceux qu'on fournit.

Propriétaires ! commencez par mettre le jardinier dans vos intérêts en lui donnant le bénéfice qu'il aurait avec le marchand, puisque c'est l'usage. Ajoutez-y, s'il le faut, celui qu'il ferait sur un autre arbre de remplacement ; vous aurez placé votre argent à un très-grand intérêt, si vous plantez des arbres sans défaut, et suivant ma méthode, et surtout à une distance convenable.

(130) Mais à quelle distance mettrez-vous les arbres, me dira-t-on ?

Si le terrein est bon, les pêchers, les abricotiers et pruniers sont assez près, en espalier, à 8 mètres (24 pieds) ; les poiriers sur coignassier, à 6 mètres (18 pieds) ; les poiriers et pommiers sur franc, de 12 et 14 mètres (36 ou 40 pieds.)

(131) Les arbres pyramidaux sur coignassier, à 3 mètres (9 pieds); sur franc, à 4 et 5, (12 et 13 pieds). Je rapproche davantage les arbres qu'on élève sous cette forme, parce qu'ils prennent en élévation ce que les autres exigent en surface.

(132) J'avoue que, lorsque je vois à des espaliers de 8 ou 9 pieds de haut, des basses tiges, puis à côté des demi-tiges, suivies de hautes tiges, surmontées de ceps de vigne, je me dis : on ne voit donc ces arbres, que ce qu'ils sont au moment qu'on les plante. Le propriétaire ignore donc qu'avec du soin et une bonne culture, ces basses tiges s'éleveraient non-seulement à une hauteur de 3 mètres (9 pieds), mais même à celle de 4 et 5 mètres (12 ou 15 pieds), et qu'ils en seraient plus beaux et plus utiles.

Dans les vergers, on ne peut les mettre raisonnablement plus près de 8 ou 10 mètres (24 ou 30 pieds), surtout si on se propose de cultiver le terrein. J'ai cru souvent m'apercevoir que les arbres les plus vigoureux, par une force d'attraction, ou par toute autre cause que

4.

j'ignore, affamaient les voisins qui étaient
près, et semblaient leur disputer les bienfaits
de l'atmosphère.

Autrefois, dans les champs, les propriétaires
plantaient les arbres à environ 7 à 8 mètres
(20 ou 24 pieds). Ils se sont mieux trouvés de
les espacer de 14 à 16 mètres (42 à 48 pieds).

Quant aux arbres en bordure, d'alignement,
d'avenue, la nature de l'arbre et la bonté du
terrein doivent entrer en une grande considération. Si les arbres sont trop près, leur cime
s'élève à proportion que les branches latérales, plus gênées avec celles de l'arbre voisin,
ont moins de facilité à s'étendre.

(133) En général, plus un arbre a d'espace
pour croître, pour jeter au loin ses branches,
alonger au loin ses racines, plus il grossit
promptement, et acquiert du prix. J'ai vu des
peupliers d'Italie et des peupliers francs, qu'on
avait plantés à 2 mètres (6 pieds) les uns des
autres. A peu de distance, d'autres peupliers
étaient à 6 mètres (18 pieds), et un seul de
ces derniers en valait quatre des autres.

Un propriétaire se disposait à faire une avenue de hêtres, et de les mettre à 4 mètres (12
pieds) de distance. Il changea d'opinion lors-

qu'il vit que ceux qui étaient dans ses bois en
avaient plus de 18 (54 pieds) d'envergure. Il
en verrait, en très-grande quantité, dans la
forêt de Compiègne, qui en ont peut-être 40
(ou 120 pieds) d'envergure.

Les arbres résineux conifères, ainsi que les
peupliers d'Italie, sont ceux qui peuvent se
rapprocher le plus, quoique ces derniers se
gênent mutuellement dans leurs racines.

(134) Lorsqu'on met un arbre en remplacement, il faut avoir le soin de ne pas mettre à la
même place un arbre d'une même espèce que
le précédent; c'est-à-dire, un orme, dans la
même terre où il y avait un orme; un poirier,
là où il y avait un poirier. Une expérience
constante nous apprend que les arbres de
même nature, qu'on substitue aux autres,
réussissent toujours mal.

J'ai vu une personne qui a voulu renouveler ainsi une partie de son verger, et qui en a
été pour ses frais et pour ses arbres.

On substitue, sur les grandes routes, les
ormes à ceux qui sont morts: quel en est le
résultat? Je suis encore à en chercher un favorable qu'on puisse citer.

(135) Je suis bien éloigné par là, de repro-

duire l'opinion de ceux qui prétendent que la
terre récèle les sucs végétaux qui sont particulièrement propres à chaque plante, et que
le défaut, ou du moins la rareté de ces sucs,
qui ont été épuisés par l'arbre qu'on remplace,
ne peut qu'être fatal à celui qu'on lui substitue.

Mais il n'en est pas moins vrai, que dans la
quantité de sels et de sucs végétaux, il en est
qui, soit par leur conformation, ou leur ana-
logie avec certaines plantes, sont plus disposés
à leur nourriture et à leur végétation, que d'autres qui n'ont pas encore acquis le degré de
fermentation nécessaire pour produire un effet
aussi satisfaisant. Quelque végétale que soit la
terre, elle se prête difficilement à donner deux
bonnes récoltes consécutives en blé, et sa fertilité ne se dément pas, si on lui confie une
autre semence.

Sans chercher la cause de ce phénomène,
contentons nous de savoir que c'est une vérité
pratique, reconnue dans tous les temps et dans
tous les lieux.

(136) Quoi! me dira-t-on, si, dans une avenue, sur une grande route, il meurt un ou
plusieurs ormes, vous voulez que je les remplace par d'autres arbres? Sans contrédit;

j'aimerais mieux voir s'élever, à leur place, un beau frêne, un chêne, un hêtre, même des peupliers, que de voir une tige languissante d'un ormeau étronçonné, qui est plusieurs années à vous offrir de chétives pousses.

(137) M. Duhamel a observé, avec bien de la raison, qu'on ne plantait jamais que des ormes et des noyers en avenues, et sur les routes. Ce sont, à la vérité, des arbres précieux ; mais ils ne viennent pas partout. Il n'y a qu'à voyager, et on s'en aperçoit facilement.

Bien assurément, si, sur la route de Paris à Saint-Denis, on avait planté avec soin d'autres arbres que des ormeaux, on n'aurait pas le spectacle affligeant de bâtons, qu'on remplacera par d'autres, et peut-être avec aussi peut de succès, où du moins d'une manière moins satisfaisante, que si on y avait mis d'autres arbres.

(138) Mais, dira-t-on, la régularité, l'uniformité!...

Voyez à quoi elle aboutit. On ne violente pas impunément la nature.

N'est-elle pas d'ailleurs variée? C'est là un de ses plus charmans attributs.

Réclamez-vous l'uniformité, lorsque, dans nos bois, vous voyez différens arbres forestiers

rivaliser entre eux de vigueur et d'émulation
pour s'élever dans les nues?

(139) Je connais des avennes formées de
différentes espèces d'arbres; même d'arbres
verds ou conifères. Je n'ai jamais vu personne
choquée de cette variété.

(140) Il est cependant des cas où on peut
avoir intérêt de mettre un arbre de même
espèce en remplacement. Il faut alors appeler
l'art et l'industrie au secours, faire ôter toute
la terre, ouvrir un grand trou, le remplir
d'une nouvelle terre végétale, et analogue à
la qualité de l'arbre, qu'on plantera avec les
soins que je viens d'indiquer; mais peu de
personnes veulent faire d'aussi grands frais,
ou savent les faire à propos.

(141) Je termine ces importantes observations sur la plantation des arbres, par la solu-
tion d'une question, qui est d'un grand intérêt. Vaut-il mieux planter de bonne heure,
que pendant ou après l'hiver?

En général, ce ne devrait pas être l'objet
d'un problème, si l'intérêt d'un côté, l'ignorance de l'autre, n'avaient mis, à cet égard,
beaucoup de propriétaires dans l'incertitude,

lorsque des circonstances impérieuses ne paraissent pas l'exiger.

Une plantation précoce offre plusieurs avantages; 1° on est plus assuré du choix dans les
pépinières, qui ne sont pas *éventées* à cette
époque. 2° Quoique la chaleur atmosphérique
paraisse très-diminuée, et que les gelées aient
commencé, cependant la terre conserve encore
sa chaleur. On doit éprouver d'autant moins
d'incertitude pour la reprise de l'arbre, que
cette chaleur intérieure provoque plus facilement la fermentation. 3° Les pores de racines
du tronc et même de la tige, étant encore dila-
tés, ils ont une plus grande force d'attraction,
que si le froid les avait condensés. Par conséquent, les racines, plus imbibées de sucs végétaux, reproduisent plus facilement du chevelu,
et sont plus disposées, au printemps, de répandre dans la tige ces sucs végétaux qui doivent
faire éclore de vigoureux rameaux. 4° La terre
est mieux émiettée, la température est plus
douce, le travail plus facile et plus agréable.
Les plantations d'hiver n'offrent point cet avantage. Celles du printemps ont, en outre, un
grave inconvénient, en ce que, à proportion
que les racines s'imbibent de séve, elles la trans-

mettent à la tige, sans en réserver assez pour se former ; alors le travail de la végétation, qui se manifeste au-dehors, ne se fait pas dans la même proportion au sein de la terre.

(142) On a prétendu, je ne sais sur quel fondement, qu'il valait mieux faire les plantations des arbres verds, et surtout des arbres résineux, au printemps qu'en automne. Je puis assurer que, d'après ma propre expérience, et qui a eu constamment les mêmes résultats, dans différentes années, je me suis bien mieux trouvé de planter ces arbres et arbrisseaux en octobre qu'à la fin de décembre ou au commencement de mars. Je pourrais citer un très-grand nombre d'exemples à l'appui de ce principe. Je me contente de dire que je connais une plantation d'arbres résineux, de trois à quatre ans, faite, avec soin, à la fin d'octobre 1801, et qui a réussi conformément à l'espoir qu'on en avait conçu. On peut assez établir pour principe, qu'au printemps la séve est trop en mouvement dans les arbres verds, pour que les racines se fortifient de manière à pourvoir à leur propre vie, et à celle de la tige qui les affame.

(143) Mais à quelle époque, dira-t-on, doit-on faire les plantations ? Comme, dans les dif-

férentes années; il y a des variations sensibles dans la température; comme les saisons sont plus ou moins retardées, il est impossible de fixer, à cet égard, des époques précises. Par exemple, dans les années 1801 et 1802, la chaleur et la sécheresse ont plutôt aoûté les boutons et les rameaux que dans les années précédentes; mais les arbres, après la séve d'août, n'ont pas fait des progrès sensibles dans leurs racines, surtout pour former le chevelu. Je l'ai vu aussi formé qu'on pouvait le désirer, au 15 octobre 1800; et au 1er novembre 1803, il commençait seulement à se développer, après les légères pluies qui ont commencé à la fin d'octobre. Ainsi, je ne doute pas qu'il n'y ai eu de l'avantage à retarder de trois semaines, ou d'un mois, les plantations de 1803, pour ne pas arrêter le chevelu dans sa croissance.

(144) Le signe le moins équivoque pour commencer les plantations, et lorsque les feuilles jaunissantes se détachent facilement, et que le bouton, qui s'est formé par leur soin tutélaire, est bien formé et bien *mûr*, comme on le dit communément. On en juge également, en considérant l'extrémité des rameaux. Si les feuilles sont encore d'un verd

5

tendre, si le bouton, qui est à l'extrémité, et
et qu'on appelle pour cette raison le bouton
terminal, n'est pas d'un brun tirant sur le
noir, c'est une preuve que les racines travaillent encore, et que, dans sa transplantation,
l'arbre n'aura pas toute la vigueur qu'il peut
acquérir par l'extension totale des racines.

Les signes pris du plus ou moins d'adhérence
des feuilles, sont très-équivoques, puisque tous
les arbres résineux, et autres arbres verds, les
conservent en tout temps, et que celles du
charme et du chêne, etc. ne tombent presque,
du moins en totalité, qu'au printemps. Ainsi,
je crois qu'on peut établir pour principe général, que, lorsque d'après les signes que j'ai
indiqués plus haut, on est sûr d'un ralentisse-
ment sensible dans le mouvement de la séve,
(car il n'est jamais totalement suspendu,
même en hiver,) on peut, sans inconvénient,
commencer les plantations.

(145) En indiquant les grands avantages
qu'on retire des plantations qu'on fait de bonne
heure, je ne dois pas négliger de dire qu'il est
des circonstances impérieuses qui forcent de
les renvoyer après l'hiver.

Par exemple, il est des arbres étrangers,

qu'on a de la peine, surtout dans le début, d'acclimater au froid, et qu'il vaut mieux mettre en terre, lorsqu'on n'a plus à en redouter la rigueur.

Il est des positions abritées du soleil, naturellement humides, exposées à des courans d'air très-froids, et auxquels de jeunes arbres auraient bien de la peine à résister.

Il est aussi des bas fonds, après des fins d'été et des automnes très-pluvieux, où il serait difficile de planter avant les fortes gelées. On renvoie donc ces plantations à une époque où le terrain est moins abreuvé d'eau. Dans ces sortes de circonstances, je conseille d'enfoncer moins les arbres que dans les plantations ordinaires. A ces exceptions près, et quelques autres, qui peuvent dépendre de la localité des terreins, ou d'autres circonstances, je crois qu'il n'y a qu'à gagner de planter de bonne heure, d'après un adage ancien qui dit : *Plantation précoce vaut argent en poche.*

CHAPITRE X.

Des soins d'entretien après la plantation.

(146) Lorsqu'une plantation est bien faite, on n'a plus qu'à jouir du fruit de tant de soins et de tant de frais. Il ne s'agit donc que de veiller à ce que les arbres suivent leur destination. Cette attention doit se porter d'abord à les bien former. Si ce sont des espaliers, de les diriger sur deux branches latérales qui fassent le V, et qui soient les plus fortes et les mieux placées.

(147) Quelques personnes attendent, pour supprimer le reste de la tige au-dessus de ces branches, que ces branches soient fortes et aoûtées, et ne font cette suppression que vers l'automne ou dans l'hiver suivant.

Je crois cette pratique vicieuse, parce que la tige meurt jusqu'à l'insertion de la plus haute branche, que l'écorce est plus long-temps à recouvrir la plaie, et que, sous le bourrelet qui se forme insensiblement, il se trouve du bois mort.

(148) Je me suis constamment mieux trouvé

de couper cette tige au printemps, ras de la branche latérale la plus haute. La plaie se recouvre bien plus promptement, parceque la tige est encore vivante, et que la séve suinte dans toute la circonférence des lèvres de l'écorce. Je la couvre par précaution, pour la soustraire à l'action de l'air ou du soleil, avec de l'argille mêlée avec du sel et de là bouse de vache. Je préfère appliquer, avec le pinceau, la composition dont j'ai parlé plus haut (88).

Il faut avoir la même attention pour supprimer les onglets des branches dans les hautes tiges. S'il pousse des rameaux, des boutons qui sont à l'extrémité de la tige, ou du corps même de cette tige, je les préfère à ceux qui poussent des branches latérales qu'on avait laissées à l'extrémité, et qu'il faut supprimer. Ces rameaux ont plus de vigueur, et forment mieux la tête de l'arbre que je traite, comme je viens de l'indiquer pour les basses tiges.

(149) S'il se trouve beaucoup de branches, je les réduis à deux ou trois, tout au plus à quatre, qui profitent de la suppression des entres.

(150) J'en agis de même pour former les arbres fruitiers pyramidaux : les quatre bran-

ches inférieures sont destinées pour faire la
base du cône. La cinquième est destinée pour
perpétuer la tige. Il est très-important de ne
laisser subsister à l'extrémité aucun onglet,
pour que la plaie se recouvre plus vite, et que
le rameau ait plus de facilité pour prendre une
direction verticale.

(151) Il faut bien s'assurer, lorsque les arbres sont faits pour filer, qu'il n'y ait pas à
l'extrémité deux branches rivales qui fassent
la fourche. Il faut nécessairement supprimer
celle qui a une direction moins verticale, ou
qui est du moins la plus faible; ce qu'on fait
facilement avec des ciseaux à écheniller, ou un
instrument bien tranchant au bout d'un bâton.

(152) Quelquefois le vent, ou tout autre
cause, peut avoir cassé l'extrémité de la tige.
Il faut alors la diriger sur une des branches
latérales, comme je viens de le dire pour les
arbres pyramidaux.

(153) On ne doit pas négliger de donner de
temps en temps de légers labours aux arbres,
pour que l'air et les vapeurs de l'atmosphère
puissent pénétrer aux racines, et afin que
l'herbe ne les épuise pas.

(154) On néglige trop d'arroser les arbres

dans la première année de leur plantation, et je ne doute pas que ce ne soit souvent une des causes de leur langueur et de leur dépérissement, surtout s'ils ont été mal plantés. Cet arrosement, nécessaire à tous les arbres, sans distinction, l'est principalement aux arbres fruitiers, et encore plus aux arbres verds. Il doit se faire, lorsque les premières chaleurs du printemps se sont fait sentir. On le renouvelle au fort de l'été suivant, à l'époque où les chaleurs sont plus fortes ou plus continues. Personne ne doute que celles que nous avons éprouvées pendant les deux derniers étés ne soient la cause de la perte de beaucoup de jeunes arbres, qui, quoique plantés avec peu de soin, auraient résisté dans un été médiocrément chaud. Mais j'insiste de nouveau sur la nécessité de mettre au pied des arbres de la litière, ou tout ce qui peut favoriser et retenir l'humidité.

Je sais qu'on m'objectera l'embarras et les frais qu'il en coûte pour faire des arrosemens; mais je dois supposer, sans me tromper, que celui qui a pu mettre quarante sous à planter un arbre, en a pu réserver deux pour le conserver. Qu'on calcule les avantages qui résul-

tent de cette dépense, celle qu'il en coûterait
pour le remplacement, le retard dans la jouissance ; le sacrifice sera bien léger.

(155) Pour les arbres en espalier, ou ceux
qui ne sont pas trop élevés, il est une manière
d'arroser plus utile, et qui ne dépense pas
autant d'eau , c'est l'usage de ces petites
pompes foulantes de fer blanc, avec lesquelles
on fait tomber l'eau en forme de pluie sur les
arbres et sur le fruit. J'ai été très à portée d'en
faire cette année l'expérience, chez un de mes
amis. Ses pêchers étaient dévorés par la chaleur ; les feuilles jaunissaient ou étaient brû-
lées ; les fruits petits donnaient peu d'espérance. Il était d'avis d'arroser ses arbres. Le
jardinier s'y opposait, en prétendant qu'on
était très-éloigné à Montreuil de suivre cette
pratique, parce que, disait-il, les pêches tom-
baient aussitôt. Ne pouvant le convaincre par
aucun raisonnement, nous prîmes le parti
d'arroser deux arbres, avec de l'eau qui avait
été exposée long-temps au soleil.

Ces arbres parurent, dès le lendemain, ré-
prendre une nouvelle vie. Leur vigueur fut
toujours en augmentant, et les fruits grossi-
rent d'une manière sensible. Nous prîmes lu

parti d'arroser les autres, lorsque le soleil ne
donnait plus sur le mur, avec la pompe fou-
lante, et quoique nous dépensassions au moins
la moitié moins d'eau que nous n'en mettions
à ceux que nous arrosions au pied, ils annon-
cèrent une végétation plus forte, et les fruits
ont parfaitement mûri sur l'arbre. Le jardinier
a été témoin de ces faits et de ces succès. Je
crois cependant qu'on aurait bien de la peine
à le faire convenir, que la méthode d'arroser
les espaliers pendant les fortes chaleurs, a son
utilité.

(156) Cabanis nous apprend que lorsque
pendant l'été il voyait languir ses greffes à œil
poussant, il les arrosait avec un rameau, en
faisant une aspersion sur les feuilles : une
pinte d'eau lui suffisait pour plusieurs greffes.

Frappé de cette observation, j'achetai une
forte seringue de maréchal, au bout de laquelle je fis adapter une boule percée d'un
très grand nombre de trous fort petits. Je
faisais de cette manière tomber l'eau en forme
de pluie très-menue, sur mes orangers et mes
cédras. Ils avaient une plus grande végétation,
et étaient chargés constamment tous les ans
de plus de fleurs que ceux qu'on se contentait

d'arroser uniquement au pied. Je ne doute
pas que cette méthode si simple et si peu dis-
pendieuse, ne fut très-utile aux arbres à haute
tige, au sommet desquels l'eau pourrait s'élever par la pression du piston.

(157) Je vois commettre souvent une erreur
bien funeste, dont je crois devoir avertir mes
lecteurs.

En plantant des arbres en avenue, on met
sur la même ligne une haie qui épuise l'arbre,
ou l'empêche du moins de profiter autant qu'on
le désirerait. Il vaudrait mieux mettre la haie
à quelque distance de la ligne.

On fait aussi des fossés près de ces plantations, ce qui leur est très défavorable, parce
l'air, la chaleur, dessèchent la terre, et que le
peu d'humidité qui se trouve autour des racines s'évapore facilement à travers une terre
dilatée. D'ailleurs, les racines en s'étendant se
trouvent de ce côté arrêtées dans leurs cours,
et ne peuvent plus pourvoir à la subsistance de
l'arbre. On peut facilement s'en convaincre,
en considérant ce qui se passe sur nos routes.
Voyez comme les racines d'ormes sortent dans
ces fossés, et s'épuisent souvent à former des
centaines de petits drageons. Il est des endroits

où ces ormes paraissent presque en l'air, sur des cubes, comme si on devait les encaisser à l'instar des orangers. On n'aura jamais de bonnes plantations de cette manière-là. C'est depuis l'invention de ces fossés qu'on a vu, il y a environ cinquante ou soixante ans, dépérir les belles avenues de Saint-Denis et de Vincennes. Voyez combien, depuis deux ans, les arbres de l'avenue des Champs Élysées ont acquis sensiblement, parce qu'on a comblé les fossés qui étaient à leurs pieds.

(158) On a beau faire, on n'aura jamais de belles plantations qu'autant que les racines des arbres pourront s'étendre sans obstacle, et qu'on ne circonscrira pas dans d'étroites limites des racines qui ont besoin d'aller chercher au loin leur nourriture.

Mais, dira-t-on, l'eau se rassemble dans l'hiver et pendant une partie du printemps dans les fossés, et alors les racines sont humectées : c'est-à-dire, ces racines ont de l'eau lorsqu'elles peuvent s'en passer, et que l'humidité de l'atmosphère supplée à ce qui leur manque : c'est-à-dire, que ces arbres ont le pied dans l'eau pendant l'hiver, ce qui est précisément contraire à leur végétation et à leur prospérité.

On me dira que les terres qu'on ôte de ces fossés et de l'entre-deux des arbres est nécessaire pour réparer les côtés de la route. J'en conviens ; mais on conviendra aussi que c'est le moyen d'avoir des routes mieux entretenues que les arbres qui les bordent ; et que le bien public semble réclamer les moyens de concilier l'intérêt de conserver les routes et les arbres.

FIN.